# 输电线路
# 三维量测技术及应用

电力行业输配电技术协作网
输电线路三维量测技术工作组 组编

中国水利水电出版社
www.waterpub.com.cn
·北京·

## 内 容 提 要

随着架空输电线路规模不断扩大，线路通道运行环境日益复杂，传统巡视方法已不能适应当前输电线路建设和运维需要。激光扫描技术、摄影测量技术和卫星遥感技术等三维量测技术快速发展。三维量测技术可满足输电线路运维的高精度、智能化和三维可视化的要求，达到通道巡视可视、可量和可预测的目的，提高输电线路数字化、自动化和智能化水平。本书结合现场实际，内容全面、实用性强，对提高技术人员关于输电线路三维量测技术的认知具有重要意义。

本书共分为5章，分别为输电三维量测技术概述，激光扫描技术在输电线路中的应用，摄影测量技术在输电线路中的应用，卫星遥感技术在输电线路中的应用，总结及展望。

本书主要适用于从事输电线路运维的技术人员和生产管理人员，也可供相关专业及管理人员参考使用。

**图书在版编目（CIP）数据**

输电线路三维量测技术及应用 / 电力行业输配电技术协作网，输电线路三维量测技术工作组组编. -- 北京 : 中国水利水电出版社，2018.12
ISBN 978-7-5170-7273-7

Ⅰ. ①输… Ⅱ. ①电… ②输… Ⅲ. ①三维－输电线路测量－研究 Ⅳ. ①TM726

中国版本图书馆CIP数据核字(2018)第296258号

| | |
|---|---|
| 书　　名 | **输电线路三维量测技术及应用**<br>SHUDIAN XIANLU SANWEI LIANGCE JISHU JI YINGYONG |
| 作　　者 | 电力行业输配电技术协作网<br>输电线路三维量测技术工作组　组编 |
| 出版发行 | 中国水利水电出版社<br>（北京市海淀区玉渊潭南路1号D座　100038）<br>网址：www.waterpub.com.cn<br>E-mail：sales@waterpub.com.cn<br>电话：(010) 68367658（营销中心） |
| 经　　售 | 北京科水图书销售中心（零售）<br>电话：(010) 88383994、63202643、68545874<br>全国各地新华书店和相关出版物销售网点 |
| 排　　版 | 中国水利水电出版社微机排版中心 |
| 印　　刷 | 天津嘉恒印务有限公司 |
| 规　　格 | 170mm×240mm　16开本　8.25印张　144千字 |
| 版　　次 | 2018年12月第1版　2018年12月第1次印刷 |
| 印　　数 | 0001—2000册 |
| 定　　价 | **68.00**元 |

# 《输电线路三维量测技术及应用》
# 编　委　会

**主　编**　刘伟东

**副主编**　费香泽　张子谦　刘正军　王和平　胡明辉　王伟伟

**成　员**　邹　彪　汪长智　石生智　陈　驰　杨必胜　毕晓伟
刘　晔　王　奇　李庭坚　郑武略　杨丰恺　彭　广
张　力　宋超群　黄　勇　高文婷　沈　琳　高德威

**参编技术单位**

北京星闪世图科技有限公司　李峥嵘
北京富斯德科技有限公司　刘燕京
重庆同汇勘测规划有限公司　张　洪
广州运维电力科技有限公司　刘　波
湖南博瑞通航航空技术有限公司　孙立乔
吉鸥信息技术有限公司　李卫红
武汉天际航信息科技股份有限公司　邓　非

# 前言

随着特高压线路建设的推进和线路里程的不断扩大，长距离、大跨度和运行环境恶劣的输电线路规模也随之扩大，传统巡视存在视野盲区、数字化管理水平和效率低等问题，已不能适应现代和全球能源互联网发展、建设和安全运维需要。

20 世纪 90 年代，在电力工程测量工作中，人们广泛使用的测量工具是经纬仪和全站仪，这两种仪器具有精度高、测距远、效率高等特点。到了 21 世纪，随着电力行业的迅速发展，信息化、自动化、数字化等技术也陆续广泛应用于电力行业，人们对测量设备和技术提出了更高的要求，随着运载平台与传感器技术的发展，出现了 GPS 技术、激光扫描技术和航空/航天摄影测量技术，给架空输电线路测量工作带来了新技术和机遇，高精度、智能化、三维可视化在输电线路运维中应用成为可能。

2009 年以来，国内各电力公司已开始在输电线路领域率先开展激光雷达方面的技术研究，开展了激光雷达技术在线路运维中的一系列应用研究，取得了显著成绩，目前激光扫描技术在输电线路领域已规模化应用。

全书共分为 5 章，其中：第 1 章讲述了输电线路通道环境巡视需求，介绍了三维量测技术以及输电通道三维量测技术应用现状；第 2 章讲述了激光扫描技术在输电线路中的应用，包括激光扫描技术概述、激光扫描技术应用现状、直升机激光扫描应用及典型案例和无人机激光扫描及典型应用；第 3 章讲述了摄影测量技术在输电线路中的应用，从摄影测量技术概念、电力巡线主流技术、技术现状和空地一体影像技术在输电线路中的应用方面介绍，并列举典型应用；第4章讲述了卫星遥感技术在输电线路中的应用，分别介绍卫星遥感技术概念、卫星遥感技术的分类和技术与应用现状、卫星遥感技术在输电线路中的应用技术和输电线路不同方面的应用情况；第5章对输电线路三维量测技术进行总结，梳理了典型的应用案例，并论述了对未来的展望。

本书收集了国内电力公司、电力设计院等电力应用相关单位的研究成果和工程应用案例情况，并结合了国内外近年的新技术应用情况，编写了这本关于输电线路三维量测技术应用书籍，得到了国内电力行业从业者的大力支持。同时，本书也参考互联网或其他业内专家和学者的著作，在此一并表示感谢。

由于编者水平所限，且三维量测技术发展迅速，书中难免有不足之处，敬请广大读者给予指正。

**编者**

2018年8月24日

# 目录 CONTENTS

# 第1章

# 输电三维量测技术概述

## 1.1 输电线路通道环境巡视

随着电网建设的快速发展，特高压建设规模逐步扩大，输电线路覆盖面越来越广，预计2020年末我国110kV及以上输电线路规模将超过130万km，我国2/3的地形为山区，500kV及以上骨干线路大量经过无人区、山区等人工巡视检查困难区域，自西向东的特高压线路走廊约有60%为山区，自北向南的特高压线路走廊约有30%为山区，且大多运行在郊区、旷野，常常受到恶劣天气、地理条件、运行工况变化等影响，难免出现危及电网安全可靠运行的情况。随着我国电网规模的不断扩大，全口径2.9万线路运检人员运维90万km，110kV以上线路，与定员总数5.66万人，相比缺员48.5%，通道环境巡视是输电线路巡视的主要内容之一，巡视人员不足与巡视工作量与日俱增的矛盾日益凸显，必须通过巡视模式、新技术的创新与融合来提高巡视效率和质量，提升输电线路运维管理水平。为达到精细化运维需求，通道巡视要满足可视、可量和可预测等要求。输电线路巡视如图1-1所示。

图1-1 传统输电线路巡视

输电线路的保护区也就是输电线路经过的地方，通常也会称为线路走廊。而输电线路线下投影以及输电线路周围区域所跨越的物体，其中包含树木、建筑物以及电力线路等，需要按照一定的标准及规范要求，保持和新搭设的线路有一定的安全距离，在这个安全距离内部划分一个保护区域。在输电线路的保护区内不能有其他不符合电力行业架空输电线路运行规范要求的跨越物存在，同时也不允许在保护区域内部进行施工建设。传统的通道巡视方式主要是人工通过全站仪、测距仪等点对点的测量方式进行，测量精度低且巡视效率差，受通道环境影响遮挡严重。因此，为推进数字化电网建设速度，增强输电线路及变电站运行、维护、应急抢险和管理水平，提高电网抵御恶劣环境能力十分必要。输电线路通道巡视的主要需求如下：

（1）可视化。真实还原通道走廊线路本体和地物情况，可在三维地图上真实展示地形地貌，在三维场景中，能流畅地进行浏览、漫游、缩放、旋转、飞行等操作和演示，实现在室内场所即可真实浏览线路通道环境情景，如图1-2所示。

图1-2　输电通道激光扫描三维可视化

（2）可量测性。基于三维数据进行线路走廊内表面积量测、投影面积量测，可以为线路的运行维护、大修技改和基建施工提供重要的数据信息；能够对不同档内导线进行导线相间距测量；能够进行输电线路对树木、房屋、跨越电力线的水平距离、垂直距离和净空距离的量测，如图1-3所示；同时可进行杆塔倾斜量测、导线弧垂量测等应用。

（3）可预测。模拟多种工况下弧垂变化情况，如不同温度、风速和不同覆冰、温度、风速的结合情况下，导线在高温状态或覆冰状态下的弧垂变化量，检测分析通道在模拟工况下的运行情况，如图1-4所示。

由于三维量测技术的便利性和普遍性，目前在勘测设计、通道监测等方面均有相关应用。

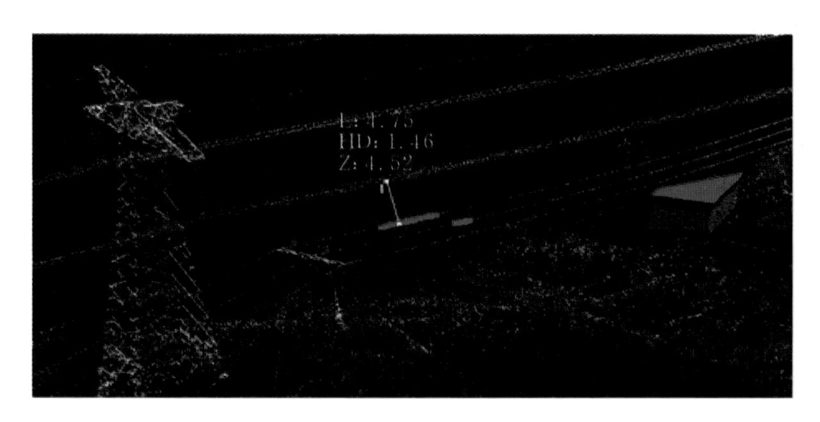


图 1-3 输电线路通道可量测性

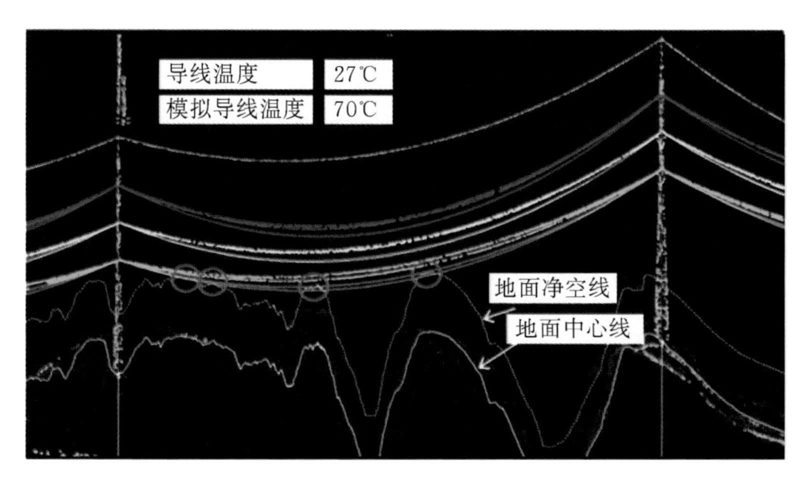


图 1-4 输电线路通道线路工况仿真

## 1.2 三维量测技术介绍

输电线路量测技术主要有 3 个方面，即激光扫描测绘技术、摄影测量技术和卫星遥感测绘技术。

### 1.2.1 激光扫描测绘技术

激光是 20 世纪人类最重要的发明之一，具有单色性、方向性、相干性和亮度高等特性。激光扫描（Light Detection And Ranging，LiDAR）使用激光作为发射源，是后期逐渐发展起来的主动遥感探测手段，具有很高的测量精度，应用领域广泛。

随着激光技术和电子信息技术的快速发展，激光量测已从静态的点测量发展到动态的三维量测领域，20世纪70年代美国已在阿波罗登月计划中使用激光扫描测量技术，80年代中期，美国航空航天局（NASA）分别研制了海洋激光扫描技术和机载地形测量系统。随着硬件技术的进步，直到90年代末，机载激光扫描技术取得了重大突破，出现了相应的商用系统，欧美等发达国家研制出多种小型化、商业化的机载激光扫描系统，其中包括TopScan、Optech、TopEye、TopSys、HawkEye等商业化应用。在20世纪初，机载激光扫描系统的发展和使用已逐步深入到测量、三维城市、林业等领域。目前全球发展较好的激光扫描厂商有Riegl、Optech和Leica等，其主流产品已覆盖了地面激光扫描、机载激光扫描、车载激光扫描，近几年无人机激光扫描技术发展迅速，凭借其低成本、灵活等特点快速占领了市场。

传统的测量方式是单点测量，获取单点的距离、角度或者三维空间坐标，如皮尺、测距仪、水准仪、经纬仪和全站仪等，而激光扫描技术是自动、连续、快速地获取目标测量物表面的密集测量点的数据，即点云，实现了传统的单点测量到面测量的维度变化，获取的信息量也从空间位置信息扩张到目标物的位置信息和属性信息融合。

### 1.2.2　摄影测量技术

摄影测量是指运用摄影机和胶片组合测量目标物的形状、大小和空间位置的技术，泛指通过摄影设备（如数码相机、航摄仪、传感器等）拍摄测量对象的影像，通过控制测量成果结合空三加密算法得到目标的三维还原（如构筑物的三维立体模型或者地形的DEM、DTM等）。从1839年尼普斯和达意尔发明摄影术起，摄影测量已有近180年的历史。摄影测量技术主要用于测制各种比例尺的地形图，建立地形数据库，为各种地理信息系统、土地信息系统以及各种工程应用提供空间基础数据，同时服务于非地形领域，如工业、建筑、生物、医学、考古等领域。

传统的摄影测量技术是利用光学摄影机摄取像片，通过像片来研究和确定被摄物体的形状、大小、位置和相互关系的一门科学技术。它包括的内容有：获取被摄物体的影像；研究单张像片或多张像片影像的处理方法，如理论、设备和技术以及将所测得的结果以图解的形式或数字形式输出的方法和设备。其主要任务为地理信息系统、各种工程应用提供基础测绘数据。近10年来，近景摄影技术和倾斜摄影技术在各行业应用较为广泛。

倾斜摄影技术是国际摄影测量领域近十几年发展起来的一项高新技术，该技术通过从1个垂直、4个倾斜、5个不同的视角同步采集影像，获取到丰富的建筑物顶面及侧视的高分辨率纹理。它不仅能够真实地反映地物情况，高精度地获取物方纹理信息，还可通过先进的定位、融合、建模等技术，生成真实的三维城市模型。该技术已经广泛应用于应急指挥、国土安全、城市管理、房产税收和电力等领域。

### 1.2.3 卫星遥感测绘技术

卫星遥感技术是从地面到空间各种对地球、天体观测的综合性技术系统的总称。可从遥感技术平台获取卫星数据，并通过遥感仪器进行信息接收、处理与分析。遥感技术是正在飞速发展的高新技术，它已经形成的信息网络，正时时刻刻、源源不断地向人们提供大量的科学数据和动态信息。遥感平台是遥感过程中乘载遥感器的运载工具，它如同在地面摄影时安放照相机的三脚架，是在空中或空间安放遥感传感器的装置，主要的遥感平台有无人机、高空气球、有人机、火箭、人造卫星、载人宇宙飞船等。遥感传感器是远距离感测地物环境辐射或反射电磁波的仪器，除可见光摄影机、红外摄影机、紫外摄影机外，还有红外扫描仪、多光谱扫描仪、微波辐射和散射计、侧视雷达、专题成像仪、成像光谱仪等，遥感传感器正在向多光谱、多极化、微型化和高分辨率的方向发展。遥感传感器接收到的数字和图像信息，通常采用3种记录方式，即胶片、图像和数字磁带等。其信息通过校正、变换、分解、组合等光学处理或图像数字处理过程，提供给用户分析、判读，或在地理信息系统和专家系统的支持下，制成专题地图或统计图表，为资源勘察、环境监测、国土测绘、军事侦察提供信息服务。我国已成功发射并回收了10多颗遥感卫星和气象卫星，如资源一号、资源三号、高风二号、高风四号等，获得了全色像片和红外彩色图像，并建立了卫星遥感地面站和卫星气象中心，开发了图像处理系统和计算机辅助制图系统。

## 1.3 输电通道三维量测技术应用现状

从目前电力行业应用情况来看，三维量测技术已不仅仅是一项基础测绘工具，而且是一项涉及电网工程规划、设计、基建和运行等电网工程全寿命周期的技术，将三维量测技术应用于电力行业有极其重要的意义，解决了输电线路辅助优化选线三维大场景问题、传统人工巡视方式受地形限制、人员无法到达的地区巡视、通道巡视精度低和输电通道三维建模等方面的问题，通过引入三维量测技术到输电线路应用领域，既可以提高工作效率，减少人员劳动强度，又可以形成三维量测技术体系，促进行业进步和发展。目前，国内电力公司正在推进电网运检智能化分析管控系统，实现了设备状态全景化、数据分析智能化、生产指挥集约化、运检管理精细化。该系统的基础数据主要来源于激光扫描、摄影测量所得。

# 第2章

# 激光扫描技术在输电线路中的应用

## 2.1 激光扫描技术介绍

### 2.1.1 概述

激光扫描测距技术是近年来发展起来的第三代前沿测绘技术，是一种主动式对地观测技术，可以快速获取地形表面模型，实现空间立体数据实时获取的革命性飞跃，快速、智能化呈现客观事物三维实时、变化、真实形态特性，目前已在测绘、电力、林业、水利、考古等行业得到广泛应用。

激光的主要原理是进行测距和测角，利用激光脉冲发射器，向目标地物发射激光脉冲，通过信号接收器接收发射回来的激光脉冲，记录每个激光脉冲从发射到目标物体的传播时间，从而计算目标到扫描中心的距离，同时记录每一束激光脉冲的水平扫描角和竖直扫描角，经过软件解算后得出目标地物的相对三维坐标（$X$，$Y$，$Z$）（即激光点云），经过转换后得到所用的三维空间位置坐标或者模型，同时还具备记录扫描点反射强度等多种属性信息功能。

传统测量设备是通过单点测量获取目标的三维坐标信息，而激光扫描技术作为现代测绘新技术之一，可快速、大规模、连续获取目标物的三维数据信息，将数据导入到计算机中，从而为快速构建目标物的三维模型，并为获得三维空间的线、面、体等各种制图数据提供了极大便利，而且激光扫描测距技术具有自动化程度高、测点精度高、测点密度大、信息量丰富、产品生产周期短、全天候作业和受天气影响小等优点。

国内相关学者按照搭载平台将激光扫描系统分为机载激光扫描系统、车载激光扫描系统、地面激光扫描系统、手持激光扫描系统和车、船载激光扫描系统，尤以机载激光扫描系统应用最为广泛，其中机载激光扫描系统搭载飞行平台可分为有人直升机、固定翼、无人机等，空中测量平台由动态差分GNSS接收机、惯性导航系统（Inertial Navigation System，INS）、激光扫描测距系统、CCD相机、计算机以及激光点云数据处理软件等组成。

### 2.1.2　技术现状

20世纪60年代，欧美等发达国家开始研发三维激光扫描技术，20世纪90年代加拿大卡尔加里大学和GEOFIT公司为高速公路测量而设计开发了VISAT系统，该系统为机载激光扫描系统；1998年，美国斯坦福大学进行了地面固定激光扫描系统的集成实验并取得了良好的效果，至今仍在开展相关研究工作；1996年，中国科学院将激光测距仪与多光谱扫描成像仪共用一套光学系统，完成了机载激光扫描测距-成像系统原理样机的研制；随后，武汉大学开发研制了地面激光扫描测量系统，广州中海达卫星导航技术股份有限公司开发了国内第一台完全自主知识产权的高精度地面三维激光扫描仪——LS-300三维激光扫描仪。随着相关技术的成熟，国际上许多测量设备公司先后研制出多种商业三维激光扫描仪，如奥地利Riegl公司、加拿大Optech公司、瑞士Leica公司、美国Trimble公司、日本的Topcon公司和澳大利亚的I-SITE公司等，它们的产品在测距精度、测距范围、数据采样率、最小点间距、模型化点定位精度、激光光斑大小、扫描视场、扫描频率等技术指标各有侧重。图2-1所示为Riogl公司的VQ-1560i机载激光扫描仪。

经过几十年的发展，三维激光扫描技术不断进步并已成熟应用于各行各业，激光扫描技术具有扫描速度快、实时性强、精度高等优势，已逐渐取代一些传统测绘手段，为工程应用提供了更精确、更高效的数据。其扫描速度从最初的每秒几千点，发展到目前每秒百万点，视场角从原来的几十度发展到目前的360°，有效扫描距离从几十米到最长6000m，目前最高测量精度可达到2mm。

激光扫描的硬件技术在国内外的发展迅速，不仅解决了激光器体积大、质量大、能量和重复频率之间矛盾等问题，同时提高了有效信号的提取，也研究了可见光、近红外和短波红外3种波段的高光谱测量，提高了激光扫描系统的探测目标光谱信息的能力和应用范围，比如多光谱激光雷达、单光子激光雷达、测深激光雷达等。

多光谱激光雷达是从激光光源本身出发，利用多个波长探测目标特性，解决单波长激光雷达光谱信息不足的问题。其结合了多光谱与激光雷达的优点，既保证了空间分辨能力，又可以获得丰富的光谱信息。与被动式技术不同，多光谱激雷达可以不受太阳照射变化的影响，因为接收的是后向散射信号，可以消除被动式遥感必须考虑的多次散射效应。既可以提供精确的三维信息进行测距，又有助于对地物定性进行判别，其丰富的光谱信息可应用于可视化、点云自动分类等方面，还可以计算光谱指数，提取目标物理特性。

图 2-1 Riegl 公司的 VQ-1560i 机载激光扫描仪

单光子激光扫描的探测方式一般分为两种，即相干探测和直接探测。利用从探测目标返回的信号与激光发射时的主波信号，在光电探测器上进行混频，从而产生两者的相干性，并对信号测量，就完成了激光回波的探测，此为相干探测。相干探测主要应用于目标测速和较低精度的测距。直接探测是激光发射器发射激光，激光探测到目标信号后发生反射和散射，激光接收器收集反射回来和散射回来的回波信号，在光电探测器中发生光电信号的转换，形成电流信号，随后测量主波信号与回波信号的时间间隔，再根据传输速度计算出距离信息或者高程信息。单光子激光雷达技术，虽然降低了对空间激光器单脉冲能量的要求，但要求空间激光器有更高的脉冲重复频率、更窄的激光脉冲、更好的光束质量及稳定性等，因此高重频、窄脉宽、高光束质量与稳定激光光源将是下一步研究的重点。

机载蓝绿激光扫描测深是一种主动测量技术，可以快速、直接获取浅海、岛礁、暗礁和船只等无法顺利到达的浅海水域的水深，被认为是海洋测绘领域极具潜力的对地观测新技术。对于陆上地物测量，机载激光扫描数据处理已有很多算法，但在海洋测深方面受各种背景和地球物理环境因素的影响，机载激光测深数据的处理算法和软件都相对滞后。其原因在于测深激光脉冲在大气与水界面以及水体中传播路径复杂，影响回波信号的因素多。

随着汽车自动驾驶及无人机技术的发展，轻小型激光扫描已经逐渐发展为自动驾驶的标配，利用激光扫描采集数据建立三维点云图，结合无人驾驶汽车当前的位置信息，计算出避障所需的最小安全距离，达到避障和实时感知的目的。激光扫描的优势在于其探测范围更广、探测精度更高。但是缺点

图 2-2　Velodyne 128 线激光器

也很明显：在雨、雪、雾等极端天气下性能较差；采集的数据量过大；十分昂贵。目前轻小型激光扫描初创公司 Velodyne 推出了 16 线、32 线、64 线和 128 线激光扫描，已在自动驾驶汽车和无人机上广泛应用，如图 2-2 所示。

激光扫描硬件技术发展迅速，但数据后处理的研究则相对滞后。近些年，随着计算机技术的进步、软件算法的改进以及计算机硬件性能的提高，相关三维扫描后处理软件可以处理多达百亿点的数据，行业应用软件也趋于成熟，功能更丰富，涵盖更多行业应用。目前，数据后处理技术可有效提供工业设备管道建模、建筑物建模、非规则复杂形体建模等多种应用，覆盖测绘、水利、电力等行业。市场上常用的激光点云数据处理的软件有 TerraSolid、REALM、ERDAS IMAGINE、Quick Terrain Modeler 和 ArcGIS 等商业软件，也有一大部分开源开发库（如 CloudCompare、PCL 点云库等）。

## 2.2　激光扫描技术应用领域

目前，三维激光扫描技术应用领域越来越多，在数字高程模型（DEM）建模、三维建筑建模、地形测绘、文物保护、刑侦、工业设计、变形监测、林业管理和电力巡线等领域发挥着关键作用。

（1）地形测绘。地形测绘是机载激光扫描系统的主要应用领域，用于数字高程模型（DEM）的生产，尤其是城区 DEM 的获取与更新，如图 2-3 所示，而且机载激光扫描系统能够直接获取高精度、大范围的数字表面模型（DSM）。

（2）森林地区测绘。利用机载激光扫描系统能够记录多次反射回波的特性，有效获取森林地区的 DEM、木材存储量以及植被垂直分布结构等信息，为林业部门获取传统方法较难获取的精确数据。

（3）海岸地区测绘。其主要包括海岸带测绘、浅海水深测量以及海岸侵蚀的动态监测等。目前蓝绿激光扫描在测量水深度和精度上都满足近海岸的测量和应用要求，机载激光扫描系统能够较大程度提高海岸地区的测绘效率，为海洋部门带来极大的方便。

（4）带状目标地形图测绘。由于激光扫描系统利用波长很窄的激光作为

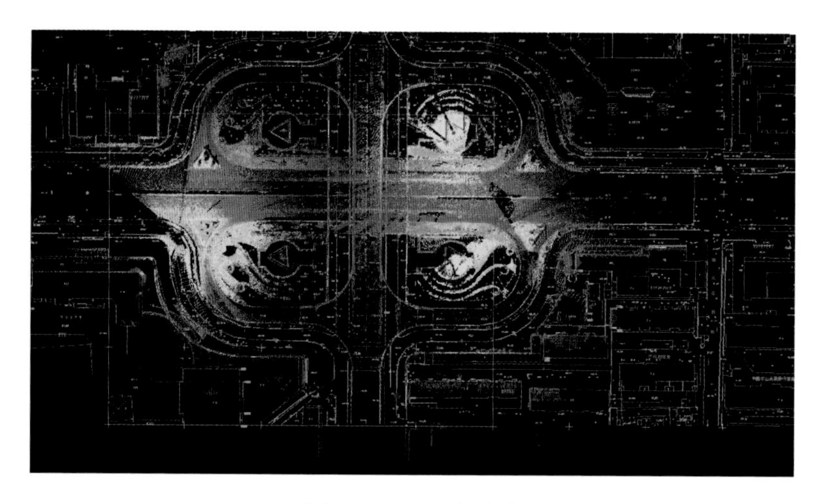

图 2-3　地形测绘

测量介质，且具有很强的准直性，因此激光扫描系统对带状地区地形图的测绘就具有较大优势，尤其是对激光具有很强反射率的带状区域，可应用于道路、电力线路、海岸线、河道以及输气管道等带状区域的测绘。

(5) 城市三维建模。城市三维建模是数字城市建设的重要组成部分，已被广泛应用于城市规划和设计、建筑设计以及无线通信等领域。高密度的机载激光扫描数据在城市三维建模等领域具有非常广泛的应用前景，有望彻底解决传统的利用摄影测量手段建立城市三维模型遇到的瓶颈问题。

(6) 灾害调查与环境监测。机载激光扫描系统可应用于自然灾害（如洪水、飓风、地震等）以及恐怖事件的灾后评估及应急响应。由于气体对激光具有吸收、散射、消光等物理作用，机载激光扫描系统可通过定量分析激光大气回波来获取大气污染指数监测大气污染。此外，机载激光扫描系统还能应用于观测大气的湿度、温度、能见度、风速、空气中的浮尘颗粒以及云层的高度等。

## 2.3　直升机激光扫描技术在输电线路中的应用及典型案例

进入 21 世纪以来，国内电力公司积极探索直升机电力作业技术的研究与应用，在直升机电力作业方面取得了显著的成绩。2008 年，南方冰冻雨雪灾害后，充分发挥了直升机应急反应快的特点，在电网应急救援和输电线路应急巡视中发挥了重要作用，确保了高电压等级骨干网架的安全运行。我国输电线路分布点多、面广，且绝大部分远离城镇，所处地形复杂，自然环境恶劣等，人工巡视难度大、效率低，难以发现线路塔身横担以上的缺陷。由于直升机灵活便利、效率高、安全性好，近年来，直升机搭载可见光、红外热像仪、激光扫描系统等巡检设备对输电线路进行巡视检查逐渐成为我国超高压、特高压输电线路运维的主要方式。

传统的地面人工线路测距需要花费大量人力、物力，同时受地面手持设备精度和人为误差等因素影响如：存在视野盲区，无法还原通道现场，获取导线下净空距离、导线弧垂等数据难度高、工作量大；在极端恶劣天气下，人员难以到达现场巡检，无法对线路复杂工况进行预测。激光扫描技术可快速获取输电线路通道三维数据，如图 2-4 所示，精度可达厘米级，能更精准地测量树木离导线的距离，有效避免了传统目测估量的不准确性，大大提高了直升机巡视数据采集的种类和效率。

图 2-4　激光扫描输电线路通道三维数据

机载激光扫描测量技术在电网中的广泛应用，主要包括电网资产管理、电力巡线（危险点、线间距检查）、输电线路勘测设计、输电线路基建验收等。

### 2.3.1　电网资产管理

通过巡线采集的高精度激光点云和高分辨率数码影像数据，处理成标准的 DOM、DEM，结合分类后的点云，可以实现电力线路三维建模，恢复线路走廊地形地貌、地表附着物（树木、建筑等）、线路杆塔三维位置和模型等，可以精确、直观地表达线路本体情况，还可以真实表达线路通道各类地物，在通道可视化管理中有不可比拟的优势，可用于三维数字化管理系统建设，辅以线路设施设备参数录入，可实现线路资产可视化管理。

输电线路激光扫描三维数字化管理系统通过加载巡检可见光和红外视频，融合激光扫描、多光谱、全景和倾斜摄影等技术，依据台账信息和直升机输电线路激光扫描高精度三维点云数据，可形成电网资产的数字化档案，作为历史数据可用于历年线路资料的管理和更新，接入在线监控装置，可辅助运维人员实现室内监控线路的运行状况，为线路的运行管理提供科学、直观的信息平台，提高输电线路资产精细化管控水平。

### 2.3.2 输电线路勘测设计

与传统的航测手段相比，具体对比见表 2－1，机载激光扫描具有明显的优势，其主要特点如下：

（1）机载激光航测系统航飞高度较传统全数字影像航摄低，数字高程模型（DEM）的精度不依赖影像质量，对天气条件要求不如传统航测严格，航飞数据获取相对灵活。

（2）机载激光达系统所获取的 DEM 高程精度好，可穿透植被，能直接获得高精度的地面高程数据；全数字航测在植被茂密的山地、航摄分区接边处高程精度往往受空三加密精度、地表植被等影响，高程精度较差。

（3）由于激光能够穿透植被，从所获取的点云数据得到高精度的数字表面模型（DSM），通过激光点云分类处理可以得到地面林木高度等在设计排位中需重点关注的要素，而传统航测无法做到。

（4）在南方山区，由于地表植被茂密，传统航摄所获取的影像中往往出现类似“落水”的现象，即整幅像片缺少纹理信息的植被覆盖，这给后续像控及数据处理带来极大的困难，也直接影响 DEM 成果精度，使用机载激光航测即能很好地克服此困难。

**表 2－1　　机载激光扫描与全数字航测对比分析**

| 方式 | 数据获取周期 | 成图比例尺 | 特有优势 | 获取成果 |
|---|---|---|---|---|
| 全数字航测 | 2～3 个月 | 1∶10000 | 技术成熟、植被密集地区高程精度差 | 4D 产品 |
| 机载激光扫描 | 2～3 个月 | 优于 1∶5000 | 技术成熟、高程精度高、数据信息丰富 | 4D 产品、激光点云 |

基于激光扫描技术勘测设计的数据处理主要有数字线划图（DLG）、数字高程模型（DEM）、数字正射影像（DOM）以及线路纵横断面，在铁路和公路勘测设计领域，机载激光扫描测量技术可有效提高勘测设计效率和勘测数据资料质量。

**1. DOM 和 DEM 制作**

DOM 制作过程包括空中三角测量、影像正射纠正、影像镶嵌等流程等。机载激光扫描系统配备的数码相机幅面较小，立体采集地物效率很低，但通过 POS 数据解算获取每张像片的外方位元素可方便、快速地制作出数字正射影像 DOM。制作数字正射影像 DOM 并与激光"点云"数据完全匹配，有利于对激光点云数据进行分类判断、建筑物提取等工作。点云数据分类完成后，将地面点数据输出并在 TerraModel 模块中进行数字高程模型 DEM 制作，可以根据需要以不规则三角网、规则格网以及等高线形式保存 DEM。

**2. 数字线划图 DLG 绘制**

利用高精度数字地面模型 DEM 自动生成等高线和高程点，与传统人工描绘的等高线吻合很好。许多 GIS 及制图软件如 ARCGIS、GlobleMapper 等都可以实现，软件可提取部分特征高程点，如图 2－5 所示，但是高程点还是主要以均匀生成为主，也可参照 DOM 提取特征高程点。

图 2－5　等高线生成

**3. 排杆布塔**

将数字高程模型 DEM 与 DOM 叠加，加入交叉跨越信息，进行杆塔的优化排位，并检验杆塔是否符合设计书的要求，如图 2－6 所示。

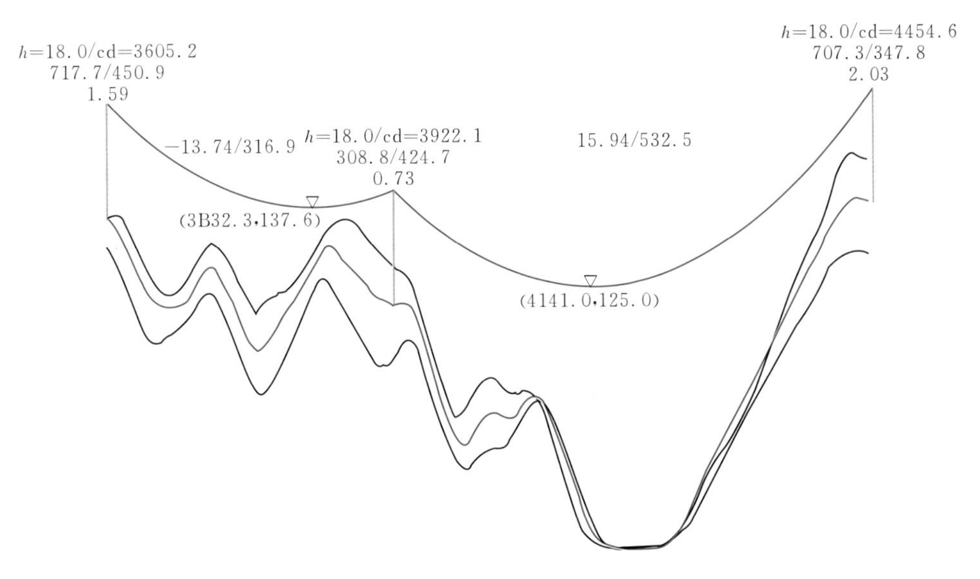


图 2-6 路径优化实例——杆塔电子排位示意图

#### 4. 路径优化

对初选路径进行详细分析，根据交叉跨越、调绘数据等情况进行路径优化，如图 2-7 所示。

图 2-7 路径优化实例——避开建构筑物

机载激光航测在路径优化设计勘测中的优势如下：

(1) 获得高精度 DEM 高程信息，在此基础上量测的山地地区断面保证了设计人员进行设计排位更合理，有效降低了千米铁塔指标。

（2）高分辨率和高时效性正射影像用于精细化判读与室内量测，使设计人员能够实现室内的宏观规划与细部微调。

（3）通过机载激光点云数据对已建线路的铁塔塔高、线高等进行量测，使交叉跨越设计更加优化。

（4）面对突发的路径变更，传统的线状工测数据，无法满足路径变更需要，而基于面状的激光航测数据，可立即开展路径的优化设计，从而为终勘的顺利完成提供重要保障。

（5）因为获取了高精度的地表信息，可有效降低野外勘测强度，提高终勘效率，有效控制终勘成本。

（6）通过三维优化设计合理优化线路路径，降低线路曲折度，使线路路径设计参数达到最佳，优化工程投资。

（7）设计人员通过三维优化设计进行精细化塔型、塔高设计，进行施工招标工程量及材料统计计算以及实际工程的整体分析，使工程投资估算更准确、精细。

（8）通过线路三维路径优化设计，有效避让建（构）筑物及林区，控制拆迁及青苗赔偿费用，同时有效估算工程建设所必需的房屋拆迁及林木砍伐量，使工程赔偿预算准确、合理。

### 2.3.3 输电线路基建验收中的应用

为确保输电线路正常运行，在输电线路施工过程中及施工完成后对工程质量进行必要的验收检查。根据《架空输电线路施工及验收规范》（GB 50233—2014）的要求，输电线路运维管理单位在验收时，需要对线路杆塔基础、接地装置、杆塔本体、绝缘子串及金具、导地线（含光缆）、走廊保护区及风偏距离、交叉跨越等项目进行验收。

验收测量是基建工程验收中的重要手段，对于输电线路而言，杆塔的定位、结构倾斜、横担高差、导线弧垂、对交叉跨越物及对地距离，均需要实地进行测绘。传统的验收测量，验收人员需要在项目现场往返于各塔基和关键点之间，借助传统测绘设备，如GPS、测距仪、全站仪、皮尺、照相机、弧垂板等，通过多人配合才能完成，效率较低，在复杂地形条件下还存在较大的安全风险，获得的验收成果数据也较离散，形式单一，不能全面反映工程建设的质量状况，容易遗漏质量隐患点。

在输电线路工程基建验收中，机载激光扫描测量可获取通道的密集点云数据和高分辨率正射影像，基于密集点云数据，通过点云滤波和分类，并借助正射影像，可分离出线路本体、地面、植被以及交叉跨越等，从而为输电线路杆塔和导线的建模提供基础数据，最终基于建模成果和通道点云成果，内业即可完成验收测量，大大提高了输电线路工程验收测量的工作效率和成果精度。

**1. 杆塔基本数据**

通过获取线路本体激光点云三维数据，经处理分析可用于转角、水平档距、经纬度、塔基高程、塔高、呼高、杆塔倾斜距离、杆塔倾斜度、悬垂绝缘子倾斜等计算，如图 2-8 所示，用于判断是否符合验收要求。

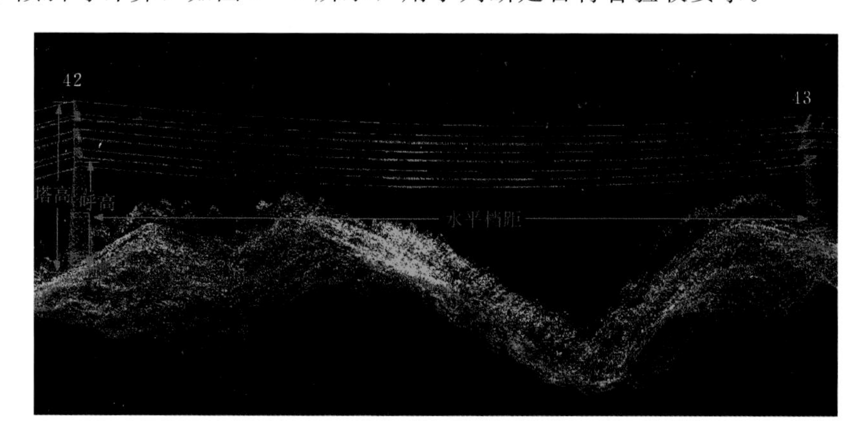


图 2-8 杆塔基本数据计算

**2. 导线数据**

基于激光扫描点云数据对导线进行矢量化，可获取导线长度、引流线长度、导线弧垂（图 2-9）和导线相间距（图 2-10）等数据，形成导线验收基础数据。

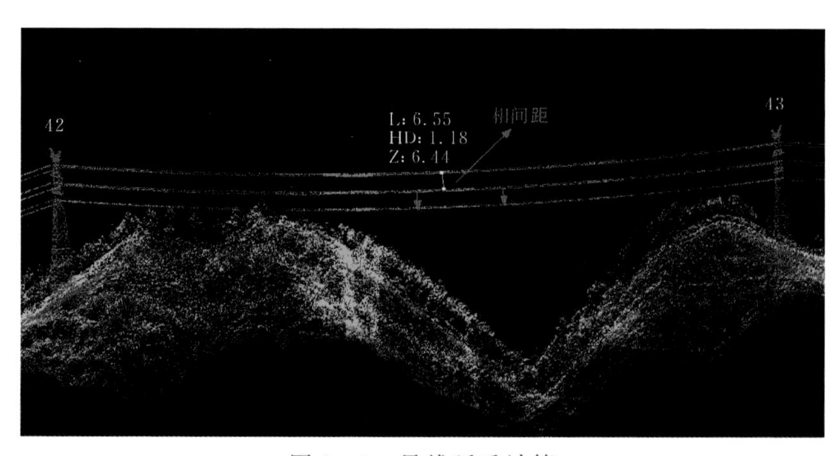


图 2-9 导线弧垂计算

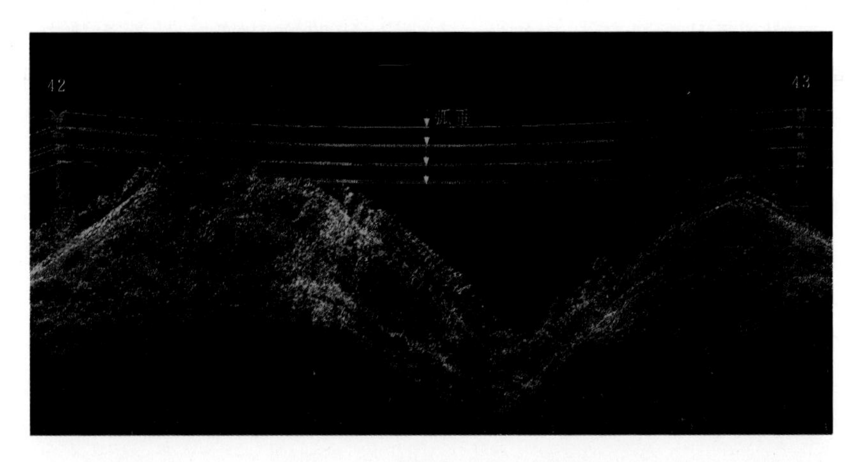

图 2-10　导线相间距计算

**3. 通道检测**

为保证输电线路的安全运营，输电线路相互水平接近时的最小净距、输电线路交叉时电力线间的最小距离、输电线路表面与地面距离、输电线路表面与树木的最小距离、输电线路与建筑物的最小距离等都应在安全距离内，如图 2-11 所示。输电线路运营期间，需对输电线路间、输电线路与其他物体间的距离进行量测计算，并参考输电线路运行的技术要求和行业规范《架空输电线路运行规程》(DL/T 741)，对量测结果进行分析与预警。

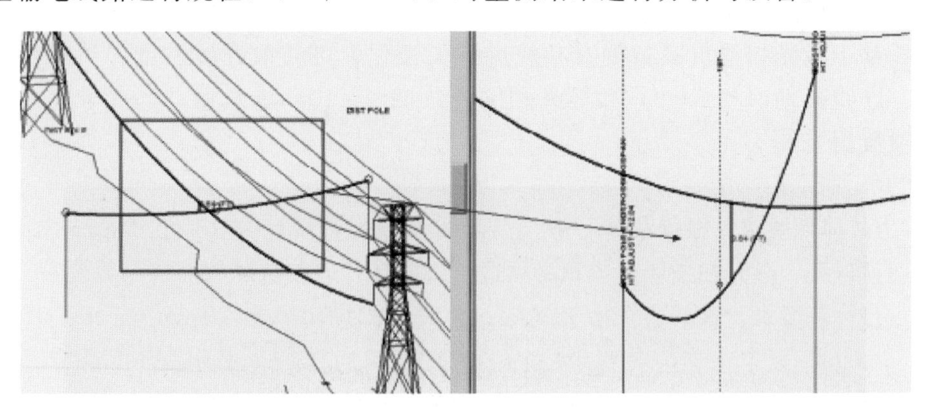

图 2-11　导线交叉检测分析

基于点云的输电线路间距检测，包括输电线路相互水平接近时的最小净距检测、输电线路交叉情况下最小净距离检测、输电线路与地表地物最小距离分析以及输电线路与地面最小距离分析。根据《110～750kV 架空输电线路施工及验收规范》(GB 50233) 要求，基于激光点云数据，自动进行输电导线之间以及导线与地面、建筑物、树木、线路交叉跨越、交通设施等其他线路间距的自动量测，形成通道隐患检测报告，用于辅助基建验收应用。

基于激光扫描技术三维成像技术特点，在基建验收领域还可应用于验收平断图存档、设计参数与施工数据对比等方面。

### 2.3.4 直升机激光扫描电力巡线应用

**1. 直升机激光扫描电力巡线技术**

(1) 激光扫描设备。基于输电线路电力巡线的需要，直升机激光扫描电力巡线传感器吊舱系统主要包括激光器、光学数码相机、POS系统和气象传感器等，其中气象传感器主要采集温度、湿度和风速风向等传感器，激光扫描电力巡线吊舱系统构成如图2-12所示。

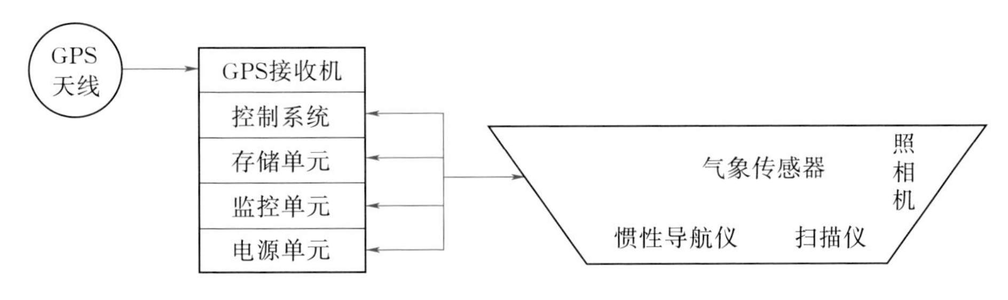


图2-12 激光扫描系统构成示意图

1) 激光器。

a. 精度要求。根据国外激光数据在输电网中的应用经验，利用激光点云开展输电线路的工程分析时，点云数据相对精度要大于0.07m，即激光扫描器的相对精度必须达到0.07m。

b. 体积要求。根据民航一般飞行器管理规定，直升机外挂设备必须通过国际适航认证，激光扫描器的体积必须适合相应具有适航认证的外挂吊舱要求。一般重量体积要求：重量要求小于30kg；体积要求小于30cm×30cm×60cm。

c. 安全要求。激光扫描器发出的不同波长激光束在不同的飞行高度可能会对人群、海洋动物和陆地动物造成伤害。直升机激光扫描作业属于低空作业，在选择激光扫描器时必须考虑适合低空飞行，使用激光波长不会对人畜造成伤害的激光扫描器型号。

2) 高分辨率相机。高清相机主要用来获取影像数据标识线路走廊内物体的类型，其精度在系统集成中是辅助的，要足以精确地解释被测物体的种类，通过影像数据进一步精确地说明物体类型，从而对不同类型物体的点云数据做出判断。相机的选型原则如下：

a. 接口要求：外部控制成像设置，外部输出图像传感器状态；影像的外部输出。

b. 外形尺寸：要小于 10cm×10cm×20cm。

c. 影像采集条件：在标称飞行高度，最低的像元分辨率不小于 10cm，大于 1600 万像素。

3）气象传感器。气象传感器主要用于获取采集数据时的外部环境资料，档距是分析系统用于校准输电线路模型的最小单元，因此气象数据最小测量频率要求是实现每一跨距的测量。但在实际应用中 2、3 档距内的气象条件一般很少变动，因此可以减少气象传感器测量频率，对于温度测量精度达到±1℃即可。

4）惯性导航仪。直升机飞行姿态由惯性导航仪记录，惯性导航仪是飞行控制管理系统的核心设备。目前全球广泛应用 Applanix 公司生产的惯性导航系统，该产品具有精度高、采集速度快等优点，常用的惯性导航系统主要参数见表 2-2。

**表 2-2　　惯性导航系统主要参数**

| 类　别 | 型号参数及性能指标 | |
|---|---|---|
| | POS AV 510 | POS AV 610 |
| 定位精度/m | 0.05～0.3 | 0.05～0.3 |
| 速度精度/(m/s) | 0.005 | 0.005 |
| 航向精度/(°) | 0.008 | 0.005 |
| 横滚与俯仰精度/(°) | 0.005 | 0.0025 |
| 电源电压/V（直流） | 20～34 | 20～34 |
| 功耗/W | 78 | 78 |
| PCS 质量/kg | 2.9 | 2.9 |
| IMU 质量/kg | 1.0 | 4.49 |
| PCS 尺寸/mm | 279×165×91 | 279×165×91 |
| IMU 尺寸/mm | 95×95×107 | 163×165×163 |
| PCS 工作温度/℃ | －20～ ＋55 | －20～＋55 |
| IMU 工作温度/℃ | －54～＋71 | －40～＋70 |

（2）直升机平台。

用于激光扫描电力巡线吊舱载荷质量为20～60kg，需要考虑在恶劣气象条件和山区、高原地形下作业，对飞行平台的机动性、载荷和可靠性要求很高，因此直升机在性能方面应满足电力巡检的需要。目前国内使用较多的机型有Bella 206－L4、H125和Bell 407等机型，特殊作业情况，可选择双发直升机，如Bell 407等，如图2－13所示。

图2－13 Bell 407直升机

Bell 407是美国贝尔直升机公司研制的单发轻型通用直升机。它是单旋翼带尾桨式布局，一台涡轴发动机安装在机身上部、主减速器后面，尾桨位于尾梁末端左侧，大后掠角垂尾分上、下两部分，下部垂尾下端装有尾撑，带有端板的平尾位于尾梁中部，为滑橇式起落架。4片桨叶全复合材料旋翼由大梁、NO－MEX蜂窝和增强玻璃纤维蒙皮制成。桨叶前缘采用抗磨蚀不锈钢包条代替OH－58D耐磨复合材料包条，两片桨叶尾桨由凯芙拉/NOMEX蜂窝材料制成，具有更大拉力，在风速达到65km/h条件下，不管风向如何，均能保证对直升机航向操纵的要求。复合材料无铰桨毂装有减小旋翼振动的高效阻尼器，降低了旋翼振动和噪声，旋翼轴与机身连接采用软安装支架隔声系统，旋翼转速为413r/min。

Bell 407装有一台250－C47B涡轴发动机，起飞功率为606kW（813轴马力），最大连续功率为523kW（701轴马力），主减速器起飞传递功率为503kW（674轴马力），连续工作传递功率为470kW（630轴马力），发动机至主减速器采用双传载路线，提高了工作的可靠性，主要性能参数见表2－3。标准的发动机控制设备为单通道全权数字发动机控制系统（FADEC），提高了直升机性能和飞行安全性，减少了飞行员工作量，延长了大修间隔时间。Bell 407是世界上第一种采用FADEC系统的单发涡轴发动机的直升机，其燃油装在两个互连的抗坠毁软油箱中，前油箱在座舱前排座椅下方，主油箱在后排座椅后下方，标准可用燃油量为484L，在后行李舱中可选用辅助燃油箱，可用燃油量为75L。

表2-3　　Bell 407主要性能参数

| 参　数 | 数　据 | 参　数 | 数　据 |
|---|---|---|---|
| 旋翼直径 | 10.67m | 最大起飞质量 | 2270kg |
| 机身长 | 12.74m | 巡航速度 | 211km/h |
| 最大有效载重 | 1712kg | 最大航程 | 661km |
| 最大吊挂能力 | 1173kg | | |

**2. 激光扫描电力巡线技术方法**

（1）直升机激光扫描电力巡线作业要求。直升机激光扫描电力巡线是一个多专业参与，涉及飞行、航务、航检（测绘）等部门协调配合的工作，具有电力和测绘行业特点，机载激光扫描系统是一项高度集成化的设备，现场作业时要严格按照要求对人员、设备和飞行提出相应要求。

1）人员。

a. 航空器驾驶员。应持有有效的中国民航总局颁发的任务机型商用飞行驾照，驾驶直升机总飞行时间不少于600h，同时已接受电力巡线专业飞行培训100h以上。机长应熟悉气象信息，能在数据采集过程中进行悬停、盘旋、低空飞行等操作，并具备在未清理区域紧急降落的能力。

b. 系统工程师。具备系统维护、安装、调试能力，应熟悉直升机内部系统，了解机载激光扫描系统结构部件的知识，保证安装的部件满足直升机的安全要求，能完成机载系统的安装与调试。

c. 设备操作员。设备操作员主要负责空中数据采集，应掌握激光扫描系统的工作原理，熟悉激光扫描采集系统的各种操作，具备在直升机上完成激光扫描数据采集工作的能力。

d. 数据处理人员。飞行数据质量检查、数据处理及分析，应熟悉激光扫描系统的工作原理，掌握数据处理流程，具备对照激光扫描获取的数据正确判定输电线路设备是否存在隐患的能力。

2）设备。用于激光扫描作业的直升机和吊舱应已取得民航局颁发的适航证且各项性能指标良好，处于适航状态。用于激光扫描输电线路作业的机载POS应满足以下要求。

a. 机载 GNSS 信号接收机应为高精度动态双频测量航空型接收机，有稳定的相位中心，能在高空、高速的环境下正常工作，数据采样率应不小于 2Hz。

b. 机载 IMU 的测量频率应不低于 128Hz，侧滚角和俯仰角的中误差应不大于 0.01°，航偏角的中误差应不大于 0.02°。

c. 用于激光扫描输电线路作业的 GNSS 接收机应满足以下要求。

i. 机载 GNSS 设备、地面 GNSS 设备、存储器、激光扫描等电子元件设备对环境的要求应满足以下规定：工作温度为 0℃、40℃，存储温度为 10℃、50℃。

ii. 地面 GNSS 接收机应选择高精度实时静态双频接收机，接收机的数据采样率应不低于机载 GNSS 接收机的数据采样率。

iii. 地面 GNSS 参考站应派专人看守，并实时监测 GNSS 接收机的工作状态，应采取防雨、防雷的准备措施。

3）现场及飞行要求。直升机激光扫描作业时气象条件除应满足《架空输电线路直升机巡视技术导则》（DL/T 288—2012）及其相关要求外，还应满足以下条件：水平能见度大于 3km，垂直能见度大于 500m，无雷闪。

a. 临时起降点场地应平坦坚硬、无砂石，且其直径不小于直升机总长的 1.5 倍，周围至少一面无飞行障碍物。

b. 明确线路作业区后，机长应提前和系统操作员沟通飞行计划，熟悉作业区内的地形、高差、气候环境，并根据作业区的环境特点提前做好飞行应急预案。

c. 数据采集过程中，直升机激光扫描输电线路作业时应始终保持沿着输电线路的方向飞行，且沿单一方向飞行时间不宜超过 30min。如单一方向线路飞行时间超过 30min，直升机可沿线路外侧飞出航线后重新进入航线。

d. 外部条件不符合直升机飞行最低要求时应禁止飞行。

4）通信要求。

a. 激光扫描采集作业时应保证现场通信畅通。

b. 通信频率的设定应确保机组人员与军民航管制人员、现场空管调度员之间建立有效沟通。

c. 不得使用干扰直升机飞行、通信导航系统的便携式电子设备。

5）航线设计。直升机电力线路巡检的航迹布设时一般按以下思路进行：首先，根据任务要求和所使用的传感器参数计算航迹布设的相关参数；其次根据电力线模型数据和地形数据，计算以电力线杆塔分隔的电力线分段巡检航迹；最后，在此基础上结合电力线走向计算分段航迹连接点生成连续航迹。

6）其他注意事项。

a. 进行直升机激光输电线路作业的单位在飞行时应严格遵守航空器运行手册的相关要求。

b. 作业人员在飞行前应保证身体状态良好，符合飞行作业的状态要求。

c. 数据采集作业所涉及电子设备的操作都应遵守设备使用手册。

d. 驾驶直升机的机长应始终能目视待扫描输电线路，并清楚线路的走向。

e. 直升机激光扫描输电线路作业应参照《电力安全工作规程》（GB/T 26859）的相关规定。

（2）直升机激光扫描电力巡线数据采集。利用直升机激光扫描技术开展输电线路导线距离分析的前提是输电线路导线的点云数据包含足够多的点，以便精确地定义导线垂曲线，输电线路通道内物体点云必须足够多，以便定义和输电线路周围有关的物体形状和位置，点云数量需满足必要的分析精度要求，平均点云一般要求 30～50 个/$m^2$，在进行直升机激光数据采集作业时，由于激光扫描器的发射频率和扫描角是固定的，点云的密度值就和直升机的飞行高度和飞行速度密切相关。

自然界中，由于风和温度随着高度变化较大，因此气象传感器在采集超过输电线路以上 200m 的数据时，很难真实地反映输电线路所处高度的具体气象数据，因此，气象数据采集时要求低空飞行，以获得真实的输电线路周围的气象数据。

根据国内输电线路通道的运维需求，一般选取线路中心线各 45m 作为数据采集范围，要求相对应的飞行高度大概为 125m。

综合考虑点云数据、影像数据、气象数据以及采集航带宽度的采集要求，在直升机飞行安全要求的基础上，最终确定直升机激光扫描的作业方式：直升机在数据采集时以线路中心线附近作为采集数据位置，飞行速度为 60～80km/h，为了保证点云数据的高准确度，应一直保持匀速飞行，飞行高度为 125～150m。数据采集时直升机的飞行姿态如图 2－14 所示。

**3. 直升机激光扫描电力巡线应用**

（1）直升机激光扫描技术数据处理与分析。

1）数据处理。当前，开展激光点云分类处理的软件主要是基于 MicroStation 软件平台的 TerraSolid 系列软件。软件主要包括 TerraScan、TerraPhoto、TerraModeler、TerraMatch 等模块。

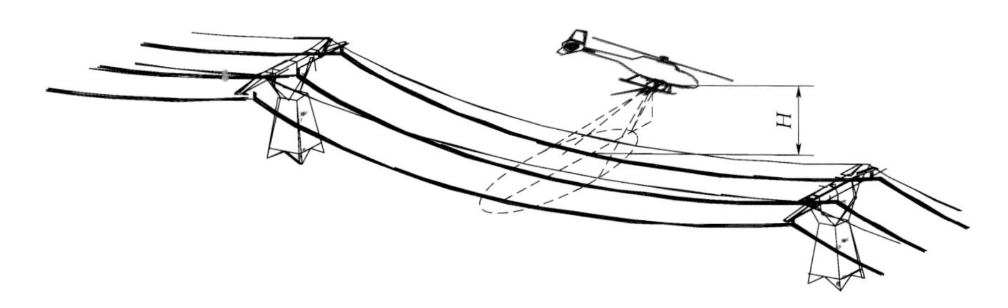


图 2-14 数据采集时直升机的飞行姿态
（H—直升机相对线路导线的垂直高度）

激光数据的处理主要流程如图 2-15 所示。

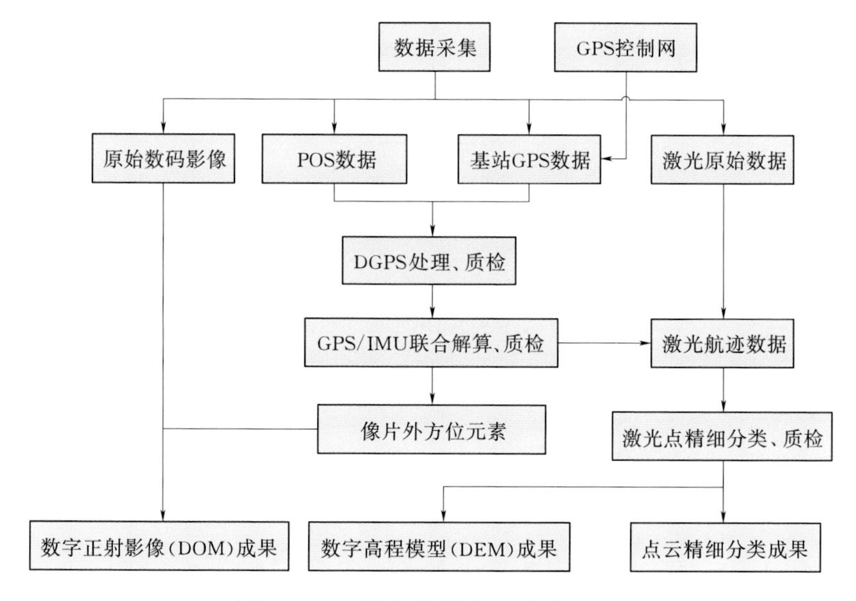


图 2-15 激光数据处理流程框图

经过数据前处理后生成的激光点云数据，具有精确空间坐标及其他属性信息，可以直接作为产品进行简单应用。为了充分发挥激光点云数据的价值，还需按照地面激光点和非地面的激光点对点云进行分类，制作生成地表地形数字高程模型等。数据处理的最重要功能是激光点云分类，电力巡线用激光扫描点云通常可划分为 24 类，见表 2-4。

通过对原始影像的预处理，得到每幅原始影像的外方位元素，激光扫描测量系统中影像的内方位元素已知，由此便可以完成影像的相对定向和绝对定向，进一步生成正射影像。

表 2 - 4　　　　电力巡线激光扫描点云分类类别

| 序号 | 中文名称 | 英文名称 |
| --- | --- | --- |
| 1 | 桥梁 | Bridges |
| 2 | 建筑 | Buildings |
| 3 | 运河 | Canals |
| 4 | 交叉塔 | Crossing Structure |
| 5 | 交叉线 | Crossing Wire |
| 6 | 土堆 | Dirt Piles |
| 7 | 沟渠 | Ditch |
| 8 | 地面 | Ground |
| 9 | 湖泊 | Lakes/Ponds |
| 10 | 其他塔 | Other Wire Structures |
| 11 | 停车场 | Parking Lots |
| 12 | 铁轨 | Rail ROW |
| 13 | 河流 | River |
| 14 | 公路 | Roads - Paved |
| 16 | 土路 | Roads - UnPaved |
| 15 | 屏蔽线 | Shield Wire |
| 17 | 变电站 | Substations |
| 18 | 导线 | TL Conductor |
| 19 | 铁塔 | TL Structure |
| 20 | 地下建筑物 | Underbuild |
| 21 | 其他地上物体 | Undetermined Obstruction |
| 22 | 植被 0～1m | Vegetation 0m to 1m |
| 23 | 植被 1～5m | Vegetation 1m - 5m |
| 24 | 植被 5m 多 | Vegetation 5m+ |

2）数据分析。国外成熟的输电线路专业数据分析应用软件 PLS - CADD (Power Line Systems - Computer Aided Design and Drafting)，是 POW - LINE 公司在 AutoCAD 绘图软件上开发并推出的一款输电线路勘测设计软件，在国际工程应用上非常通用。

PLS - CADD 软件在输电线路激光扫描电力巡线的主要应用为输电线路三维模型建模、通道缺陷检测、三维量测、报告输出、倒树分析、热评定（如分析）等。PLS - CADD 软件界面如图 2 - 16 所示。

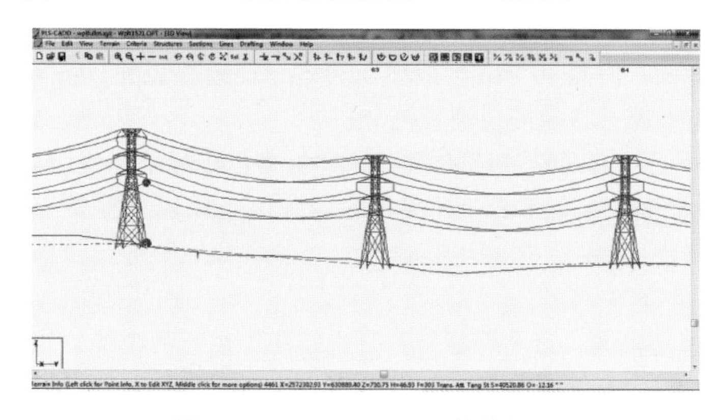

图 2 - 16　PLS - CADD 软件界面

PLS - CADD 系统是世界上先进的将激光扫描技术应用于电网的数据建模与分析系统，但由于该系统的接口不开放，且其英文界面与国内用户工作环境不太适应；而且该软件作为国外成熟系统，国外输电线路运行规范并不适用于国内的线路运行。因此，国网通用航空有限公司自 2009 年起，着手研究并开发输电线路激光 LiDAR 扫描数据处理系统分析应用软件，如图 2 - 17 所示，目前该软件已具备点云分类模块、杆塔模型线路通道缺陷检测、交叉跨越提取、平断面图输出、输电线路三维可视化管理、大风高温等模拟工况分析，该软件符合国内《架空输电线路运行规程》（DL/T 741），具有功能丰富、运行效率高等优势，已为全国 20 多个省市电力公司提供了线路通道

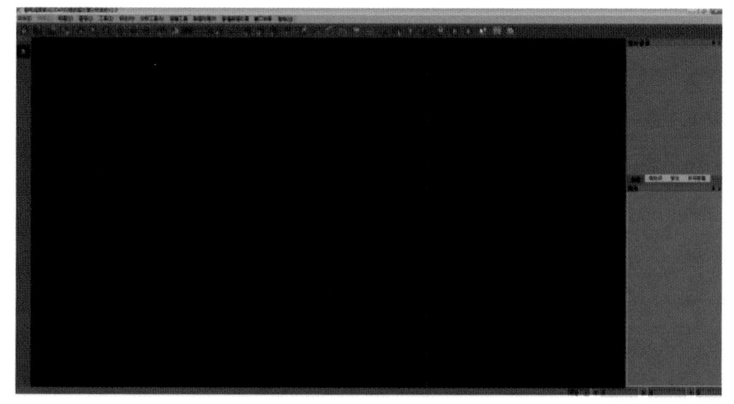

图 2 - 17　输电线路激光 LiDAR 扫描数据处理系统分析应用软件

分析报告，取得了良好的效果。

输电线路激光 LiDAR 扫描数据处理系统分析应用软件相关功能模块如下：

a. 点云分类模块：根据运维需要，可在数据采集完成后 48h 内将激光扫描点云分为地面、杆塔、导线、地线、树木、交跨电力线、公路、河流等 8 类，用于输电线路通道缺陷快速检测分析。

b. 杆塔模型线路通道缺陷检测：根据相关运行规范标准（DL/T 741 或 DL/T 288）或运维单位要求，对进入输电线路走廊内净空安全距离的建筑物、公路、铁路、地面、树木、其他电力线等目标地物进行精细分类和安全距离检测。

c. 交叉跨越提取：交叉跨越报告是根据相关运行规范或运维单位要求提取输电线路走廊内与线路发生交跨的电力线、建筑物、公路、河流、铁路等目标地物；其主要内容包括目标在输电线路交叉跨越点位置、目标坐标、交叉跨越点类型、与电力线的垂直实测距离和净空实测距离以及交叉跨越点档距的平面图和断面图。

d. 平、断面图输出：输电线路平、断面图是按照一个耐张段或根据运维单位要求，参照输电线路设计图纸信息进行编辑排版，其主要内容包括输电线路杆塔塔号、杆塔档距以及平、断面示意图和扫描工况等内容。

e. 大风高温等模拟工况分析：激光扫描模拟工况安全距离检测报告（高温、大风）是根据相关运行规范标准（DL/T 741 或 DL/T 288）或运维单位要求，在获取客户反馈所需信息以后，模拟输电线路在高温（大风）情况下弧垂变化，而后对进入模拟导线净空安全距离内的建筑物、公路、铁路、地面、树木、其他电力线等目标进行分析预警；按照线路信息、运行规范、图例总表、通道缺陷明细表、通道缺陷详情等内容排版；主要内容包括目标在输电线路位置、目标坐标、通道缺陷类型、与电力线的水平和垂直实测距离、净空实测距离以及通道缺陷所在档距的平、断面图。

（2）激光扫描技术数据成果及典型应用

1）精确杆塔台账。利用直升机激光扫描技术，可以获取线路杆塔基本数据，包括杆塔位置（经纬度）、杆塔高度、线路弧垂、杆塔倾斜角、相间距、杆塔位移、地线保护角等基本信息。

利用精确台账与线路走廊数据，可以准确获取输电线路空间位置信息，为后期无人机和直升机航巡作业及避障提供技术支撑，提升作业效率和作业安全性。

2）输电线路本体及走廊三维展示。实现点云的类别、高程和单色渲染，通过激光点云直观还原线路走廊本体及地形地貌特征。此外，还可以将影像与高程进行叠加显示，进行更逼真的线路通道三维展示，如图 2-18 所示。还支持加载矢量图层和三维模型图层。

图 2-18 输电线路通道三维展示

3）平、断面图。在三维显示的电力设施视图上，选择特定的位置就会自动输出电力设施的平、断面图，如图 2-19 所示；还可以设置输出的区段及打印幅面，提供为电力设施模型自动添加注释的功能。在生成电力设施模型时，会为每一个电力设施模型生成默认的注释信息。

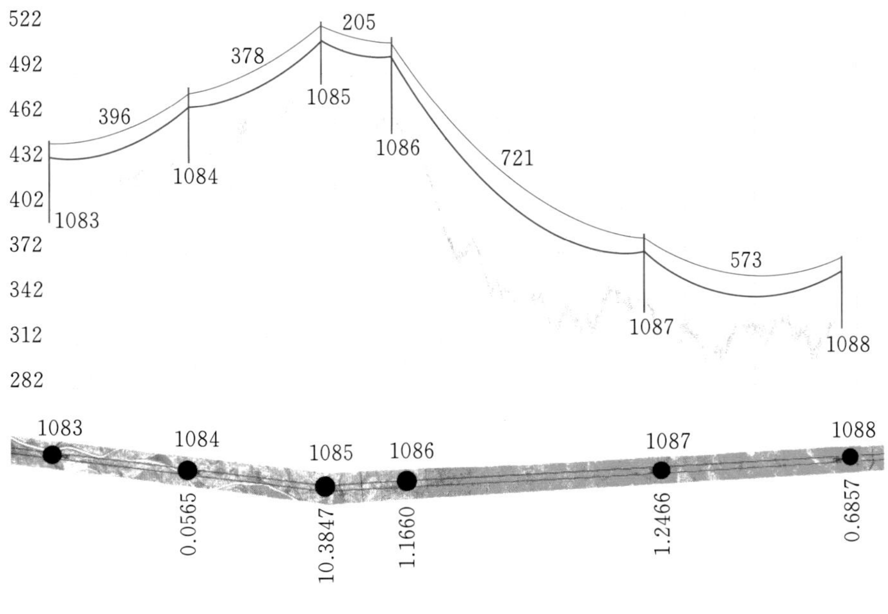


图 2-19 输电线路通道平、断面图

4）交叉跨越统计。依据运行规范（DL/T 741 或 DL/T 288）等，可以自动提取交叉跨越信息，如一些威胁较大的“三跨”信息，即高电压等级交叉跨越电力线、高速公路、高铁线路等。表 2-5 为某区段交叉跨越信息。

**表 2-5　　交叉跨越信息表**

| 序号 | 杆塔区间 | 距小号侧距离/m | 坐标点 | 交叉跨越类型 | 水平距离/m | 垂直距离/m |
|---|---|---|---|---|---|---|
| 1 | 1084—1085 | 171.71 | 6764.95，78612.79 | 交跨线 | 1.19 | 26.63 |
| 2 | 1084—1085 | 197.76 | 6789.11，78595.04 | 公路 | 1.98 | 24.19 |
| 3 | 1084—1085 | 266.91 | 6859.39，78600.72 | 通航河流 | 1.16 | 154.00 |
| 4 | 1084—1085 | 271.83 | 6864.28，78600.19 | 建筑物 | 1.25 | 15.28 |
| 5 | 1084—1085 | 275.95 | 6866.60，785858 | 铁路 | 1.18 | 16.09 |

5）实时工况安全距离检测报告。依据运行规范（DL/T 741 或 DL/T 288）等相关线路规范，对瞬时工况下的线路走廊进行安全距离评估。根据安全距离配置文件，自动对电力设备与其他信息（如地面、植被、道路、河流等）的距离进行安全距离检测，如图 2-20 所示。

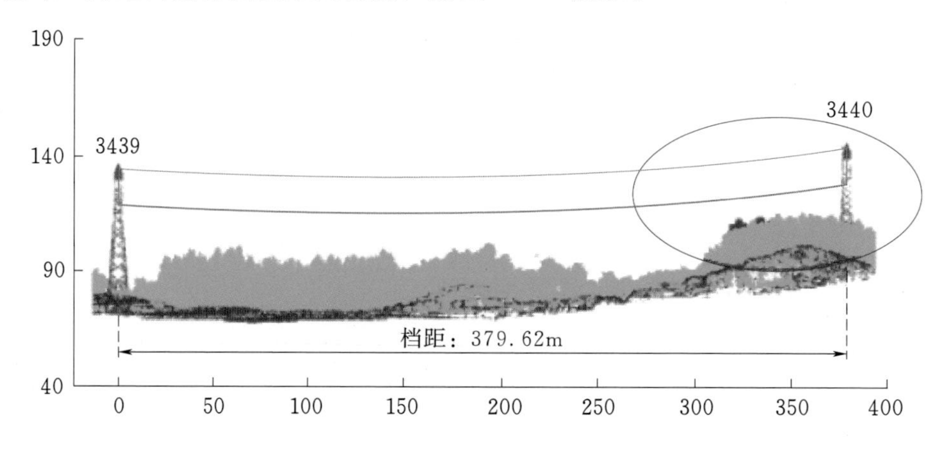


图 2-20　输电线路实时工况通道缺陷

6）最大工况安全距离分析报告。可以根据不同的导线参数、环境参数、运行参数模拟不同工况的导线弧垂，并进行安全距离分析，如图 2-21 所示；还可以根据九大典型气象区，同时模拟不同典型气象的弧垂曲线。

7）地形变化安全距离分析报告。由于沙漠的流动性，提供不同时段的地形变化对比分析功能，系统加载不同时段的点云数据，查看沙丘的移动速

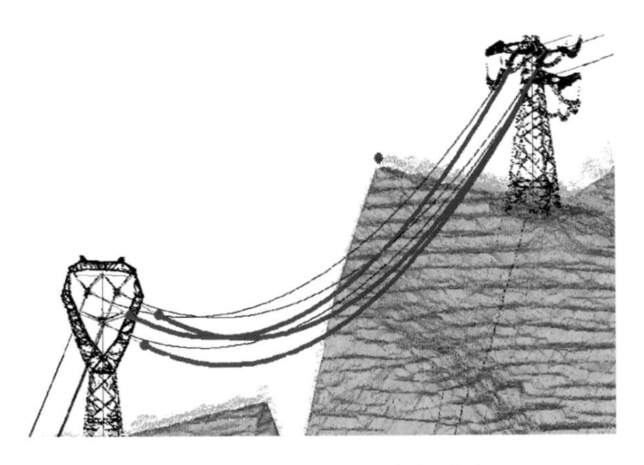

图 2-21　高温工况模拟分析

度以及高度的变化情况，直观对比分析基于点云的地形变化情况，为输电线路廊道安全提供分析手段。

（3）输电线路激光扫描数据管理。输电线路激光点云三维展示系统是一套激光点云三维可视化应用系统，系统总体架构如图 2-22 所示。系统通过加载输电线路通道的激光点云、高精度地形和高清影像，重构输电线路真实的三维运行场景，通过结合输电线路的台账信息、交跨信息、缺陷信息、巡检信息和通道监控信息，以搭建一个输电通道综合管控平台。

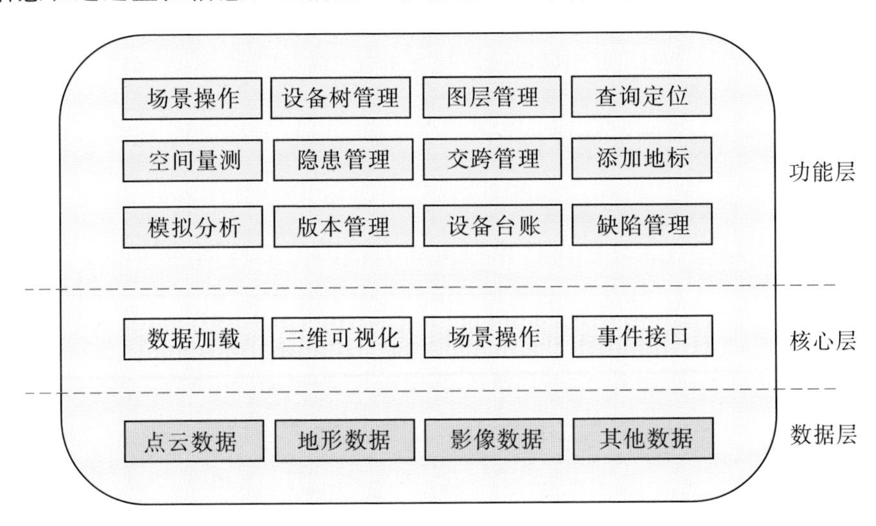


图 2-22　系统总体框架

1）数据层。数据层包括激光点云数据、线路通道高清地形数据、线路通道高清影像数据、分析成果数据（隐患、交跨等）。

2）核心层。核心层为一个COM组件，包括数据加载、三维可视化、三维场景操作和事件接口等功能。

3）功能层。基于核心层实现的一系列业务功能，包括场景操作、设备树管理、图层管理、查询定位、空间量测、通道隐患管理、线路交跨管理、三跨管理、添加地标、通道隐患模拟分析、数据版本管理、设备台账查询和航检缺陷管理。系统界面和功能如图2-23所示。

图2-23　输电线路激光点云三维展示系统

### 2.3.5　直升机激光扫描技术展望

#### 1. 开拓机载激光扫描测量新应用

目前激光扫描技术在输电线路通道电力巡线方面应用发展迅速，国家电网公司和南方电网公司在输电线路运维中均大规模开展了激光扫描技术应用，取得了显著的成效，建立了数据采集作业要求、数据采集、数据处理等输电线路激光扫描作业技术的完整流程和标准化规范。由于激光扫描技术的穿透性强、自动化程度高、测点精度高、信息量大等优势，在基建验收、勘测设计方面均有典型工程应用案例，应用前景广阔。机载激光扫描的高精度高程信息和对树木的穿透能力能提供精确的树木三维模型，可开展单株树的识别、树高和胸径等关键信息提取；同时结合研究多光谱树种识别，建立不同树种的生长模型，实现树木高度对线路安全威胁的风险预警，同时可对输电线路运维树种砍伐提供决策依据；建立大范围、高精度的数字地面模型，用于构建电力通道的三维可视化建模，有利于电力线的直观管理；开发和应用机载激光扫描技术；对紧急灾害事件的快速响应非常有利，也可快速勘测和构建灾害地区的地形信息，还有利于第一时间掌握灾害地区的实际状况。

**2. 完善直升机巡检数据管理和应用**

直升机激光扫描电力巡线在输电线路运维中应用可以提高输电线路安全性。需将激光扫描电力巡线纳入输电线路常规巡线手段，形成常态化扫描监测机制；同时将激光扫描电力巡线检测的通道缺陷纳入运维单位的生产管理系统，实现缺陷闭环管理。充分利用激光扫描数据和成果高效地进行线路资产管理、植被管理和交叉跨越管理；充分挖掘激光扫描数据的价值，开展输电线路热评估、动态增容、通道预警分析等，为构建坚强智能电网做出更大贡献。

**3. 多源数据智能化融合处理**

机载激光扫描测量硬件和软件技术已较为成熟，特别是对结果的可靠性和准确性来讲都有很大的提高，如果融合影像数据、多光谱数据或高光谱数据等已知数据，充分利用各自优势，使平台不仅具有激光扫描点云的高精度地形信息，而且还同时具有地物丰富的光谱信息，可大幅度提升地理信息精度。需研究多源数据的智能化处理，应用分布式和云计算技术，提高多源数据处理速度，结合高精度 DEM 和 DSM，构建判断树木生长对电力线影响的仿真模型，更有效地发挥多源数据的价值。

**4. 高度集成的多传感器数据采集方式**

机载激光扫描测量不仅可同 CCD 和多光谱传感器等集成在一起，而且还可以将激光扫描与热红外和紫外传感器集成巡检，加强机载激光扫描在夜间对电力线的巡检能力。

**5. 发展无人机激光扫描电力巡检技术**

无人机电力线路巡检具有设备投资小、巡检成本低、自动化、智能化的特点，具有明显的技术、经济优势，能够较大程度上解决有人机巡检和复杂地理条件下人工巡检的安全系数低、技术要求高、劳动强度大等问题。随着可自组网的中继链技术、激光器吊舱小型化和无人机自动充电技术的发展，将多种传感器集成开展线路巡检，可弥补单一传感器信息不全的缺陷，全方位诊断线路状态，获取电力线路走廊海量信息，是一种高效的电力线路资产数据获取与建模手段。

基于输电线路的三维激光扫描数据可构建高精度三维导航地图，将三维导航地图与无人机飞行航线结合，可实现完全自主的无人机飞行，为无人机在输电通道场景精准飞行、远距离操控、避障预警提供支持，实现无人机全自动智能巡检。

## 2.4 无人机激光扫描电力巡线作业技术

当前，激光扫描设备普遍存在重量大、对飞机平台稳定性和承载能力要求较高等问题。随着轻小型激光扫描系统的出现和逐渐成熟，无人机搭载激光扫描开展电力巡线作业成为可能。无人机激光扫描可有效增加巡线作业的灵活性，拓展激光扫描在电力行业的应用领域。

### 2.4.1 无人机激光扫描应用及典型案例

**1. 输电线路运维**

无人机激光扫描技术可以获取输电线路走廊的高密度、高精度激光点云数据，实现输电线路本体及周围环境的三维建模、线路瞬时工况安全距离检测、线路不同工况安全距离分析以及平断面图输出，进而进行高精度三维空间量测、模拟分析及通道可视化管理。无人机扫描数据如图 2-24 所示。

图 2-24　河流扫描

（1）杆塔信息。利用无人机激光扫描技术获取的点云数据，经过后期的数据处理，可以获取线路杆塔基本数据，如杆塔位置、杆塔高度、线路弧垂、杆塔倾斜角、相间距、杆塔位移、地线保护角等基本信息。

(2) 电力线信息。通过对点云数据的三维量测，可以实现对电力线距离信息的点对点直接测量，如电力线相间距、电力线对地距离等，如图2-25所示。

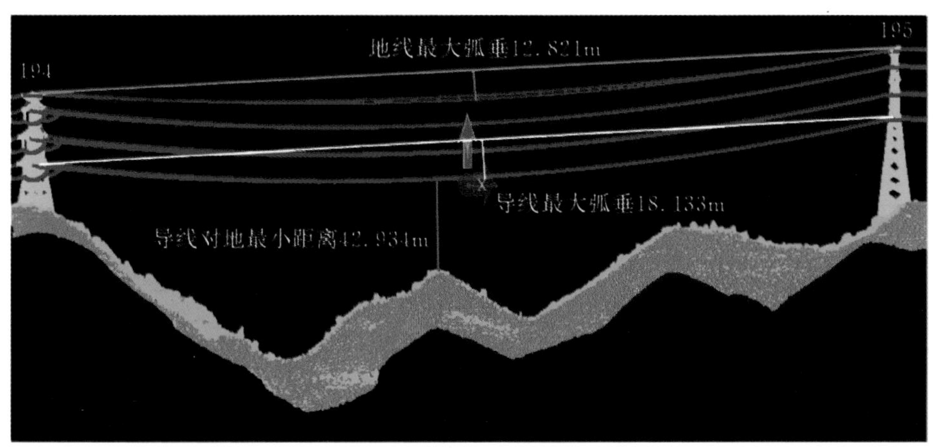


蓝灰色线：导地线最大弧垂；白色线：导线最大弧垂；枚红色线：导线对地最小距离

图2-25　无人机激光扫描三维量测

(3) 输电线路本体及走廊三维地形地貌还原。通过对电力通道走廊的点云滤波，实现对通道内DEM的快速提取。

(4) 最大工况安全距离分析报告。可以根据不同的导线参数、环境参数、运行参数模拟不同工况的导线弧垂，并进行安全距离分析。

(5) 瞬时工况安全距离检测报告。依据运行规范（DL/T 741或DL/T 288）等，对瞬时工况下的线路走廊进行安全距离评估。自动对电力设备与其他信息（如地面、植被、道路、河流等）的距离进行安全距离检测。

无人机激光扫描技术在输电线路运维中的数据成果主要包括精确台账、平断面图、交叉跨越检测报告、实时工况安全距离检测报告、模拟工况（高温、大风和覆冰）安全距离检测报告、数据三维展示系统等。

**2. 无人机激光扫描技术在输电线路勘测设计中的应用**

输电线路勘测优化设计是输变电工程中最基础的工作，优化设计输电线路路径需综合考虑行政规划、运行安全、经济合理、施工难度、检修运维等因素。传统线路优化设计主要采用的测量方法是工程测量方法或者工程测量与航测相结合的方法，存在外业劳动力强大、数据精度低且无法获取植被以下地形及交叉跨越的高度以及工期较长等缺点。

将无人机激光扫描技术应用于电力线路优化设计中能降低选线难度，提高设计效率。机载激光扫描技术获取的点云数据丰富、精度高，能够获取植被以下的地形，并且能够测得交叉跨越高度且自动化程度高，能够保证线路走向合理，大大降低外业工作量。

通过对原始点云数据的处理，经过点云去噪、滤波及精细分类，可快速、自动分离出精细的地面点云及分类后的电力线点云数据，快速提取交叉跨越高度，如图 2-26 所示。

图 2-26　精细化分类后的电力线点云数据

利用点云数据能够生成线路走廊的高精度数字高程模型 DEM、高精度数字表面模型 DSM 及精细分类后的电力线点云数据 LAS 等数据成果。应用高精度激光扫描数据成果，可以在基于激光扫描数据输电线路三维优化选线软件中进行设计，高效、快速地对该区线路进行优化设计。

利用机载激光扫描系统的多种数据成果可进行室内可视化电力线路选线优化设计，为线路设计提供多种辅助信息，如房高树高、面积坡度量测、线路交叉跨越高度测量、快速平断面/塔基断面/塔基地形图等；对已有电力线路交叉跨越高度进行量测；在线路设计过程中基于精细 DEM 快速获取不同方向、不同深度的断面数据；通过 DSM 数据及精细分类点云数据可以从中精确量取待拆迁房屋面积及待砍伐植被面积，同时能够实现线路的优化，减少线路与房屋、植被的跨越，同时对重要地物（高速路、铁路等）跨越角度进行评估；根据优化选线结果及 DEM，可以快速、自动地获取线路平断面图、塔基断面图及塔基地形图。

**3. 无人机激光扫描技术在输电线路基建验收中的应用**

输变电工程验收是保证输电线路长期安全运行的关键，利用无人机激光扫描技术对输电线路的关键设施进行建设后的验收是及时发现问题、改正问题的有效手段。

（1）地形地貌获取。利用无人机激光扫描技术能够快速获取输电线路在建设前后地形地貌的状态，科学分析输变电工程建设对周边地形改变造成的影响，通过对后期地形的研究，科学分析基建设施的基本环境因素。

（2）杆塔点云数据获取。利用无人机激光扫描技术能够快速获取单个杆塔的点云数据，通过对点云数据的处理和分析，得到杆塔高度、倾斜度、坐标等关键因素，进而分析杆塔设计及施工是否符合相关规范。

（3）周边环境扫描。对建设完成后的周边环境的扫描测量，如周边土石方量的测算以及周边滑坡、崩塌、沉陷、采动等地质条件的因素，分析周边环境是否对工程后期运行产生影响。

（4）灾害模拟仿真。对杆塔塔基与周边地形高程的联合扫描，模拟在洪水淹没后的水位状态以及导线对水面的安全距离等，从而进一步分析自然灾害对输电线路运行的影响。

## 2.4.2　无人机激光扫描电力巡线技术及相关设备

**1. 激光扫描设备**

激光扫描系统是集激光测距、全球定位系统（GPS）、惯性导航系统（IMU）于一体的综合性系统，如图 2-27 所示。它可利用高精度的激光扫描测距技术获取测距信息，利用惯性导航单元系统获取飞行平台姿态信息，利用机载 GPS 获取飞行平台的空间三维位置信息。通过测距信息和姿态等信息进一步进行解算，获得地面目标的三维点云信息。

图 2-27　一款适用于旋翼无人机搭载的激光扫描设备

轻小型激光扫描系统具有体积小、重量轻且精度高，选择的飞行平台较为灵活，快速响应测绘作业任务且数据采集周期短。评价激光扫描的主要技术指标有最大测量距离、线扫描频率、脉冲重复频率、扫描角范围以及光斑发散角等。其中，最大测量距离确定了激光扫描的最远测程，超过该距离范围将无法接收到激光回波信号。无人机可搭载的激光扫描设备测距为100～1000m，设备采样频率和其他参数也因设备不同而差别很大。表2-6和表2-7为两款典型无人机激光扫描设备的参数对比。

表2-6　　HVM-100激光扫描参数

| 项　目 | 技术指标 | 项　目 | 技术指标 |
| --- | --- | --- | --- |
| 测距精度 | +/-0.1%（<3cm） | 激光等级 | Class 1 |
| 最大测距 | 30～120m（可选） | 重量 | 1.1～2kg |
| 视场角 | 360°×360° | 功率 | 18～24W |
| 数据获取速度 | 42～300kHz（可选） | 工作电压 | 12V |
| 旋转速率 | 0.5～1Hz（调整到适于场景和飞行速度） | 角度分辨率 | 垂直0.65°，水平1.8°（0.5Hz旋转速率） |
| 扫描方式 | 旋转激光头 | 数据存储 | 外置USB存储128GB |

表2-7　　奥地利Rigel公司VUX-1激光扫描参数

| 项　目 | 技术指标 | 项　目 | 技术指标 |
| --- | --- | --- | --- |
| 精度 | 5mm/10mm/15mm | 单相机分辨率 | 2000万像素 |
| 重复性精度 | 3mm/5mm/10mm | 质量 | 10kg |
| 视场角 | 330° | 防尘防水等级 | IP64 |
| 激光发射频率 | 55万/82万/100万 | 角度分辨率 | 0.001° |
| 线扫描速度 | 200线/s | 激光发散度 | 0.25mrad |
| 最大测距范围<br>@60%反射率目标<br>@20%反射率目标 | (@50kHz　100%power)<br>920/1350m<br>820m | 激光光斑大小 | 50mm@100m<br>500mm@1000m |
| 相对飞行高度AGL | 530m | 功率 | 60W |
| 电源输入电压 | 11～32V | 工作温度范围 | -5～40℃ |
| 激光等级 | Class 1 | 数据存储 | 内置SSD固态240GB |

### 2. 无人机平台

无人机作为一种轻便、快捷的飞行平台，从设计结构和起飞方式来说无人机可分为固定翼无人机、无人直升机和多旋翼无人机3种类型。其中，固定翼飞机具有续航时间长、飞行效率高等优点，但其负载能力相对较低；无人直升机具有垂直起降、续航能力和负载能力强等优点，但其结构复杂，操作难度和成本较高；多旋翼无人机具有方便携带、操作简单和垂直起降的优点，但通常负载能力较低，续航时间较短。需要根据巡线任务选择合适的无人机平台。

从整体来看，通过搭载小型激光扫描设备可以实现无人机机载激光扫描系统的组合，对于承担小型区域内的输电线路扫描任务具有得天独厚的优势。

（1）无人机起降要求低。由于其升降灵活，对野外环境要求很低，可不必使用专门的机场或跑道，在空旷的场地即可实现起降。

（2）无人机飞行高度相对较低。受环境影响小，可在云层飞行，获得的数据点云密度更高。

（3）无人机飞行速度相对慢，稳定性更好。飞行轨迹相对稳定并且信号强度高。惯性导航系统可以获得更加准确的定位及姿态信息，结合差分 GPS 获得的坐标数据更加精确。

（4）无人机地域适应性强。对于丘陵及山地，无人直升机具有相当大的优势，受云雾干扰影响较小。飞行方便灵活，可以随气候变化及时调整飞行方案，避免因气候变化带来的不必要损失。

（5）无人机成本低。相比动辄上千万元的设备，无人机的本机成本更加低廉，相比于载人飞机，无人机在运营、维护和操作等各方面的成本都有明显优势，具有低投入、高回报的优势。

**3. 激光扫描电力巡线技术方法**

无人机搭载激光扫描技术应用于输电线路电力线巡线，主要包括原始数据获取、数据处理和通道内检测三大作业内容。

（1）原始数据获取。主要根据无人机和激光扫描设备，获取原始激光数据、POS 数据。通过对原始回波数据和 POS 数据的联合解算，获得点云数据。

（2）数据处理。点云数据的处理主要分为预处理和后处理两大部分。预处理将点云数据中存在的噪声点等进行剔除，保留正确地物的点云数据。后期数据处理集中在对点云数据的精确分类中，已经对分类后的点云数据进行进一步的数据处理，如 DEM 生成、DSM 的生成等。

（3）通道内检测。根据已经处理后的点云数据在科学依据和相关规范的要求下，利用电力通道内的地物信息进行通道内的安全检测，实现对通道内危险点的检测（植被危险点、建筑物危险点、交叉跨越等）。

### 2.4.3　无人机激光扫描技术展望

无人机搭载激光扫描系统结合了无人机和激光扫描设备两者的优势，克服了载人机或飞行三角翼的飞行成本高、飞行周期长、受影响因素多等缺点，具备快速、灵活地获取高精度数据的优势，同时，数据属性丰富，能够很好地描述地形地貌相关细节。在输变电工程设计及建设阶段，可辅助统计林木砍伐和房屋拆迁，优化线路走廊，评估工程对周边环境的影响；在输电线路运维阶段，可缩短线路运维周期，减少人力和物力投入，有利于业主实现数字电网管理，提高电网设计管理的先进性，在我国电力行业中必将有很广泛的应用前景。

# 摄影测量技术在输电线路中的应用

## 3.1 摄影测量技术概念

倾斜摄影自摄影术发明以来就一直存在，特别是早期的空中摄影主要就是倾斜摄影，倾斜摄影照片一直作为侦察、观赏、全景俯瞰等特殊应用模式存在。世界上第一张倾斜摄影照片于 1860 年 10 月拍摄于美国波士顿，倾斜摄影技术最早被应用于军事侦察领域。由于倾斜摄影固有的特点，早期在测绘地形图方面的使用受到限制，但其在军事侦察、城市俯瞰图、卫星遥感、科学考察等方面却有着不可替代的优势。

随着计算机及相关技术的发展，特别是计算机视觉技术的进步，使得对大量数字影像数据进行高速匹配运算成为可能，进而为倾斜影像的应用提供了基础条件。信息化社会催生出各行各业对高效获取精细化三维空间信息的需求，使得计算机视觉在三维重建方面的潜力得以发挥，催生了现代倾斜摄影技术（倾斜摄影测量），并有逐渐替代传统摄影测量的趋势。

在输电线路的巡检中，无人机可以实现多角度、全方位的高空信息采集，有效降低架空输电线路巡检工作的强度，由飞控系统控制飞行路线，利用信息采集设备对线路的图像信息进行实时采集和传输。具体可分为：①旋翼无人机自主悬停于特定空间位置，而后再进行图像信息采集；②通过调节旋翼的航向和减振云台，对图像采集设备、被检测设备的光学角度和距离进行合理调整，实现对输电线路设备图像的实时采集和传输；③根据人工操作的各项指令进行控制，而后沿输电线路进行飞行式观测和信息采集。

无人机巡检输电线路的关键技术主要包括：①旋翼无人机具有自主悬停、自主导航飞行的特点，可以进行输电线路跳闸后的故障点查找，并在此基础上构建一个完整的输电线路全过程立体式的巡检系统；②旋翼无人机的另一个功能就是可以对输电线路起到防碰撞保护作用，用于输电线路的巡视和检测，同时，还可以对严重自然灾害下的输电线路起到保护作用，如常见的大风、暴雨等；③地面实时监控技术和图像防抖降噪技术在输电线路巡检中的应用，无人机所配备的可见光视频可以在网络信息技术的作用下及时传输到监控中心；④对旋翼无人机一体化设计和输电线路的快速检测系统进行优化，有效解决流线型机身的碳纤维制作工艺问题，进而解决锂电池的选型、旋翼的升力、电机的选型和空气动力等相关问题；⑤自主悬停和飞行控制系统具有自驾和手动两种工作模式。在自主悬停的状态下，无人机不仅可以通过地面站的高清录像检查线路，并保留手动模式，还可以按照既定的路线进行自主导航的飞行和巡检。

## 3.2　技术现状

随着电网的日益扩大，巡线的工作量也日益加大，人工巡线面临着距离长、工作量大且速度缓慢等缺点；对于穿过山区、林区以及高楼林立的城区线路从业人员靠近难、巡检速度慢等问题，同时，这些区域由于林木茂盛生长速度快、城区建设发展快等因素，其事故率偏高，并且一旦出现事故还存在维修难的问题。

无人机出现于19世纪初，最早用于军事侦察和作战。20世纪90年代，逐步开始在农业、测绘、城市监控等方面应用。无人机具有自主飞行、起飞降落环境要求低、成本低、可快速到达巡视区域、巡线速度快、数据后期处理速度快等特点，采用无人机对架空输电线路的运行状况进行巡视和检测，是近年兴起的一项新技术，在国内外都开展了广泛研究和应用推广。

### 3.2.1　国外研究现状

最早利用无人直升机巡线的是英国威尔士大学和EA电力咨询公司，联合研制了专用于输电线路巡检的小型旋翼无人机，验证了其可行性。美国电科院采用成熟的无人机平台搭载摄像机进行了巡线试验，能够分辨大尺寸线路设备。Nascent新兴技术公司与MIT进行技术合作，研制了XS系列微型无人直升机，已应用在北美的远程运行电力线路定期巡查中。澳大利亚航空工业研究机构使用无人直升机搭载立体相机及激光扫描设备，获取周围环境的三维地图。西班牙德乌斯大学利用小孔成像原理，通过导线在像面上的尺寸检测无人机与线路间的距离，并应用立体视觉原理计算树线距离、检测树障情况。日本关西电力公司与千叶大学联合研制了一套架空输电线路无人直升机巡线系统，该系统包括故障自动检测技术和三维图像监测技术，能够自动查巡雷击闪络点、杆塔倾斜、铁塔塔材锈蚀、水泥杆杆身裂纹、导地线断股等主要缺陷，通过构建线路走廊三维图像来识别导线下方的树木和构筑物。

相比于国内主要处于硬件的开发层面，发达国家已经关注于后续的图像、数据处理方面的研究，甚至技术更高的激光扫描仪巡线技术也已经应用于无人机。

### 3.2.2 国内研究现状

随着无人机技术的不断成熟，国内也开始了无人机电力巡线的研究工作。目前，国家电网、南方电网以及内蒙古电网都开展了无人机电力巡线的试点工作。

“十二五”期间，我国电网建设经历了高速发展阶段，规模已跃居世界首位。目前我国输电线路总长度超过了115万km、500kV及以上的输电线路已成为各区电网输电主力。我国的国土幅员辽阔，地形也相对复杂，丘陵较多、平原较少，加上气象条件的复杂多变，给跨区电网和超高压输电线路工程的建设带来一定难度，加上建成之后的维护与保养，仅仅依靠现有的检查手段和常规测试并不能满足高效、快速的要求，也不能达到很好的效果。国家电网公司、南方电网公司和内蒙古电力集团自2009年以来先后开始应用有人直升机开展线路巡检、灾情普查和应急抢险等工作。巡检对象主要为特高压、跨区直流和500kV及以上重要线路。

2013年，中国民用航空局（CAAC）下发《民用无人驾驶航空器系统驾驶员管理暂行规定》，业界普遍认为这代表着无人机规范管理迈出了第一步。在电力行业，无人机主要被应用于架空输电线路巡检，如图3-1所示。国家电网公司发布了《架空输电线路无人机巡检系统配置导则》（Q/GDW 11383—2015），南方电网公司发布了《架空输电线路机巡光电吊舱技术规范（试行）》，中电联发布了《架空输电线路无人机巡检作业技术导则》（DL/T 1482—2015），对无人机巡检系统及光电吊舱进行规范。

与传统人工巡检相比，直升机、无人机巡检具有效率高、质量好、受地形条件影响小等特点，是输电线路管理向更加高效、精细、经济方向发展的

图 3-1　无人机电力巡线

重要手段。当前载人直升机已应用于输电线路运行维护管理，但由于载人直升机价格昂贵、移动速度慢，导致巡视周期长、费用成本高，难以得到全面推广应用。而无人机虽然已应用于输电线路巡视，但仅限于拍摄照片或录入视频用于人工浏览，无深入应用研究，针对线路通道障碍物巡检的电力巡检系统还缺乏有效的技术手段。

综上所述，无人机电力巡检的重要性逐年上升，将成为未来巡检的重要发展模式，但是，目前无人机巡线主要采取无人机搭载摄影、摄像设备采集线路杆塔设备图像、人工判图方式，对输电线路通道障碍物的巡视还缺乏有效的技术手段，在巡视数据管理、数据分析、数据应用、数据信息化支撑方面存在严重的滞后。将摄影测量和倾斜摄影技术引入到无人机输电线路巡检，通过对电力实景三维场景的高精度还原和电力线弧垂的精确量测，为精确掌握输电廊道状况提供了保障，也为后期电力巡检信息的数字化管理提供了数据基础，实现三维测量技术在输电线路巡检的应用，开启无人机机巡＋人巡协同巡检的新模式。

## 3.3　电力巡线主流技术

### 3.3.1　与机载激光扫描仪系统的比较

无人机电力巡线系统与机载激光扫描仪系统比较见表 3-1。

表 3-1 无人机电力巡线系统与机载激光扫描仪系统比较

| 对比内容 | 无人机电力巡线系统 | 机载激光扫描仪系统 |
|---|---|---|
| 航线设计 | 飞行计划相对简单，需考虑高差影响 | 飞行计划相对复杂，要求较为苛刻，需考虑高差影响、脉冲方式、扫描角、点密度等 |
| | 需考虑天气影响 | 需考虑天气影响，同时也需考虑背景反射率；背景反射越弱，测距效果越好 |
| | 相同飞行高度下，飞行带宽更宽，覆盖面积更大 | 飞行带宽较窄，带宽受飞行高度和扫描角影响，容易形成漏飞区域 |
| 相机检校 | 利用LCD平面控制场进行相机检校，无需布设控制点、校准控制场和校准建筑物 | 需要布设控制点，校准控制场、建筑物 |

### 1. 航线设计

航线设计是一项细致而重要的任务，是决定航飞任务成功与否的关键，好的航线设计计划可以起到事半功倍的效果。无人机巡线与机载激光扫描仪相比，在航线设计时具有飞行计划相对简单的优势、而且相同飞行高度下，飞行带宽更宽，覆盖面积更大。

### 2. 设备检校

机载LiDAR系统由多传感器组成，其对地定位精度受各个组成部分的影响，在航飞之前需对系统进行检校，以标定设备的系统性误差。检校过程需要按照严格的要求进行航线设计、选择激光检校场控制点。

影像电力巡线系统使用无人机搭载的数码相机作为航摄仪，相机检校场布设简单、检校过程简单、计算快速、精确可靠。

### 3. 数据采集

机载LiDAR系统测量效率低，数据发布慢。若采用200Hz激光设备，地面点云5cm间距，航高100～200m，航速约为36km/h，现有有人驾驶三角翼或者直升机，航时通常为3h，每架次有效采集距离大约为100km。

以影像电力巡线系统支持固定翼无人机为例，航速80km/h，航时2h，每个架次的航程为160km，单架次有效线路距离为50km。每台无人机每天起落两个架次，每个架次获取50km线路，每月有效工作时间为10～15d，每台无人机每个月的工作里程为500～1500km。

#### 4. 成本

直升机激光三维空间扫描技术更适用于高压输电线路的巡检，但成本高，不适用于日常电力巡检。用于电力巡线的机载LiDAR系统，通常使用中距和远距设备，成本高昂，激光器成本在100万元级别，整装设备在500万元级别。采用固定翼无人机或者旋翼无人机（20万～40万元），搭载普通数码相机（2万元以内，像素2000万），设备成本相对较低。

### 3.3.2　与主流无人机图像处理技术的比较

#### 1. 图像处理技术在电力巡检中的应用

目前无人机电力巡检领域，摄影、摄像设备记录了大量输电线路图像信息，这些图像包含输电线路杆塔设备的基本特征及部件状态信息，通过对这些图像的处理可得到输电线路的基本状况，发现设备缺陷和故障隐患。实现以上功能的关键是巡检图像处理，包括图像预处理、图像检测和模式识别等。

无人机巡检采集的图像存在不同程度的退化现象，即在成像过程中出现了畸变、模糊、失真或噪声混入，造成了图像质量的下降。四季更替使输电走廊的自然环境和地貌不断变化，采集图像的背景会随环境的变化变得非常复杂，对比度降低且干扰增多，同时其他自然地貌与人工建筑也使图像背景的复杂程度进一步加深。

尽管目前国内外已将图像识别和处理技术应用在输电线路设备缺陷与故障提取与识别、弧垂测量、电缆状态监测等方面，并已有初步研究成果，但其自动化程度、精度和实用性方面还有待进一步提高，目前还是人工判图、手工出报告的工作方式。图像处理技术在电力巡检领域具有良好的应用前景，但目前还存在一些关键技术需要解决。

#### 2. 图像处理技术的问题

目前，无人机巡检的图像采集主要是有限目标（即输电线路及杆塔等）的图像采集，目标物始终在有效视场内。但无人机平台是运动的，只有在发现故障或缺陷时才悬停飞行，因此无人机巡检中的图像采集主要是动态图像的采集。

摄像机采集动态图像主要有以下两种方式。

（1）摄像机转动跟踪目标，主要有人工摄像和智能系统跟踪摄像两种途径，人工手持摄像机采集图像有一定危险，且要求摄像人员有一定的拍摄技巧，该方法在无人机巡检初期采用。智能系统跟踪摄像需要智能控制系统调节摄像机的焦距和视角以跟踪目标，同时需配备相应的支持软件，该套系统技术难度较大且软硬件成本较高，需要前期有一定投入。

（2）摄像机相对直升机固定，目标随直升机的运动而运动，通过连续抓拍的序列图像来分析目标状态。该方法采集的图像序列中，不仅目标个数变化，目标姿态也在变化，图像处理难度较大。

图像处理技术与影像电力巡线系统相比，具有以下劣势：

1）无人机巡检是在野外自然环境下进行，图像采集易受噪声和运动影响。采集图像时无人机一般是运动的，由运动引起的图像模糊对航拍图像的影响非常严重。

2）除光学系统、电子器件引起的加性噪声外，无人机巡检图像中的噪声还来源于由光照条件和大气湍流等引起的乘性噪声。

3）电力线路巡检中图像识别必须能提取和识别各种输电设备，但输电设备目标物的提取与识别比较困难，输电线路背景（包括山林、河流、农田、道路、雨雪等）复杂，且随着四季的更迭背景外观会随时改变，因此目标提取非常困难，必须提出适用性强的图像处理算法来解决该问题。

综上，目前主流的图像处理技术应用于电力巡检，大大提高了巡检的便利化程度，使得无人机巡检得到广泛应用成为可能，但是需要图像处理算法的关键技术在电力巡检领域得到突破，才能更好地发挥作用。数据离散化、管理、应用、分析和数据挖掘的困难，无法满足电网对于机巡数据成果的精细化管理要求。

## 3.4 应用实例

### 3.4.1 空地一体影像技术在输电线路中的应用

**1. 方案概述**

空地一体影像电力解决方案综合运用倾斜摄影、近景摄影测量、激光点云、人工智能技术，采用统一的生产作业管理体系，支持各种倾斜相机、传统航测、手持相机、街景设备、点云等多数据源影像，自动化地还原输电线路廊道的实景三维空间位置、地貌形态、地物和环境，对电力线杆塔、电力弧垂进行提取复原，可快速定位和识别威胁输电线路安全的危险因素，实现动态巡检、海量影像管理、缺陷管理、设备及部件管理、实景三维可视化，形成空地一体化作业新模式。该方案具备效率高、精度高、真实感强、成本低、与传统电力巡检无缝对接的特点，是国内领先的影像智能巡检解决方案。空地一体影像解决流程如图3－2所示。

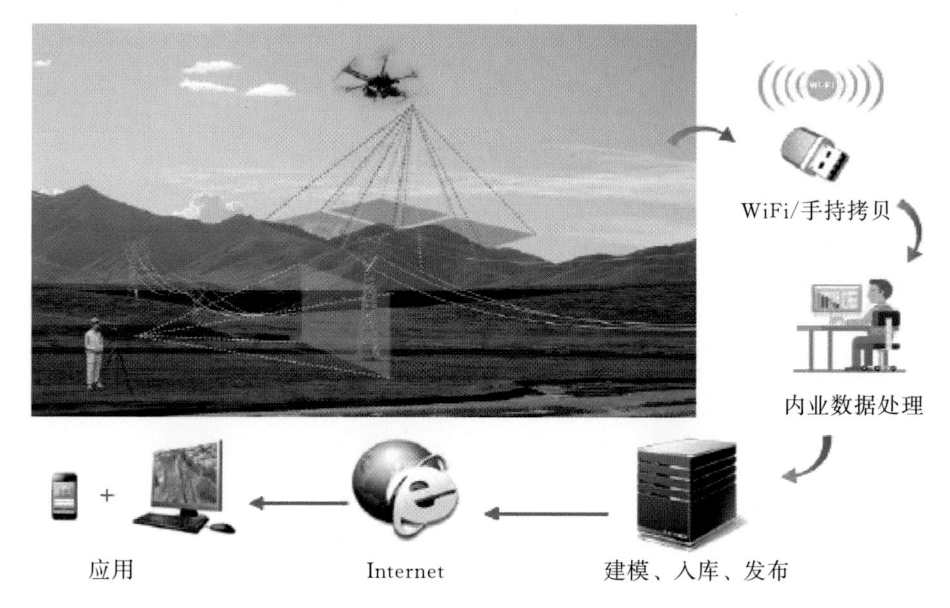


图3－2　空地一体影像解决流程

目前，空地一体影像电力解决方案已广泛应用于电力巡检、设备管理及三维建模、站址优选、线路优化设计、规划设计评审、工程监理、风电缺陷检测等领域。

**2. 系统特点**

该方案特点如图3－3所示。

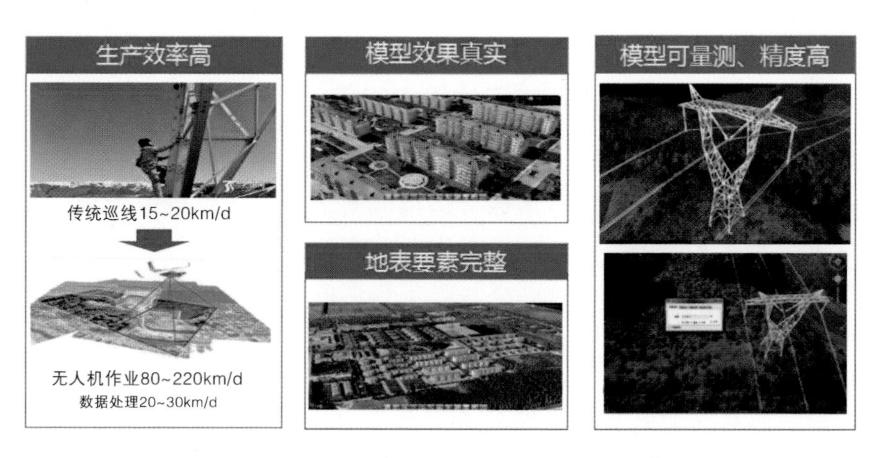


图3－3　空地一体影像特点

（1）生产效率高。系统自动化程度高，为用户提供好用、上手快、效率高的软件产品，实现自动化空三处理、实景三维快速建模、快速生成三维场景以及电力线、杆塔采集、缺陷预警，具备对交叉跨越、对地距离以及树障等外部隐患的精确判断与预警能力，系统整体效率高。系统如图3-4所示。

图3-4 空地一体影像系统

（2）成果精度高。通过摄影测量、传统航测、手持相机、街景设备、激光雷达数据等多数据源（图3-5），有效弥补倾斜影像不足及精度不稳定状况，提高数据成果的精度和稳定性，同时成果具备可量测能力。

图3-5 多数据源设备

（3）作业成本低。采用集成度高、灵活易用的地面设备，实时采集影像和数据，极大地提高作业效率，降低作业成本。有利于电网企业加强输电设备和线路的精细化管理，弥补人工巡检力量的不足，空地一体影像系统示意图如图3-6所示。

（4）应用可扩展。采用统一的生产作业管理体系，将地理空间信息与电力应用业务流程整合，增强业务跟踪监控、数据分析优化功能，实现数据有效应用，数据信息化管理能力和智能化分析水平显著提高（实现巡检海量数据管理系统，具备对输电线路红外缺陷、可见光典型缺陷智能识别和快速检索能力)，提升数据附加值，如图3-7所示。

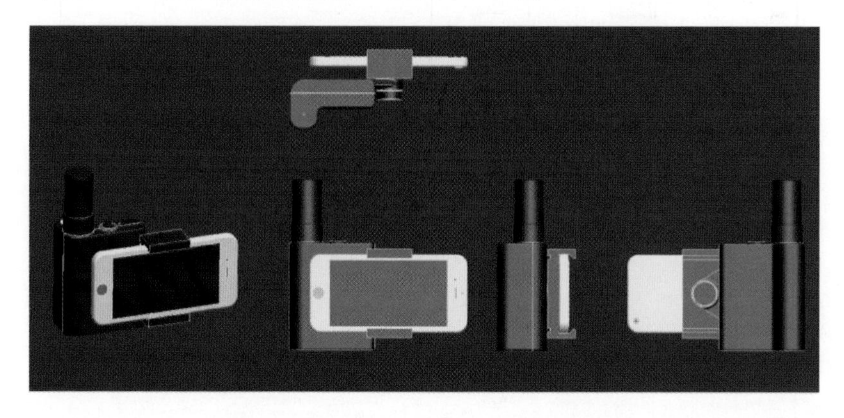

图3-6　空地一体影像系统示意图

图3-7　空地一体影像应用扩展

**3. 业务架构**

方案创新性地采用统一的生产作业管理体系，利用摄影测量、传统航测、手持相机、街景设备、点云等多数据源影像对输电三维信息快速提取和分析，结合海量影像部件巡查，实现运维人员及专业管理人员在计算机终端完成输电线路实景巡视、测量、分析与查询等功能，业务框架如图3-8所示。能够解决目前输电线路巡视中关于量测、数据调度查看、部件故障管理等难题，同时能够通过数字实景三维平台展示、测量分析查询，提高输电线路通道的管控水平。

**4. 性能参数**

系统的性能指标主要从航飞效率、数据后处理效率以及系统精度指标3个方面讨论(固定翼无人机平台稳定、速度快、续航长，适合大范围线路

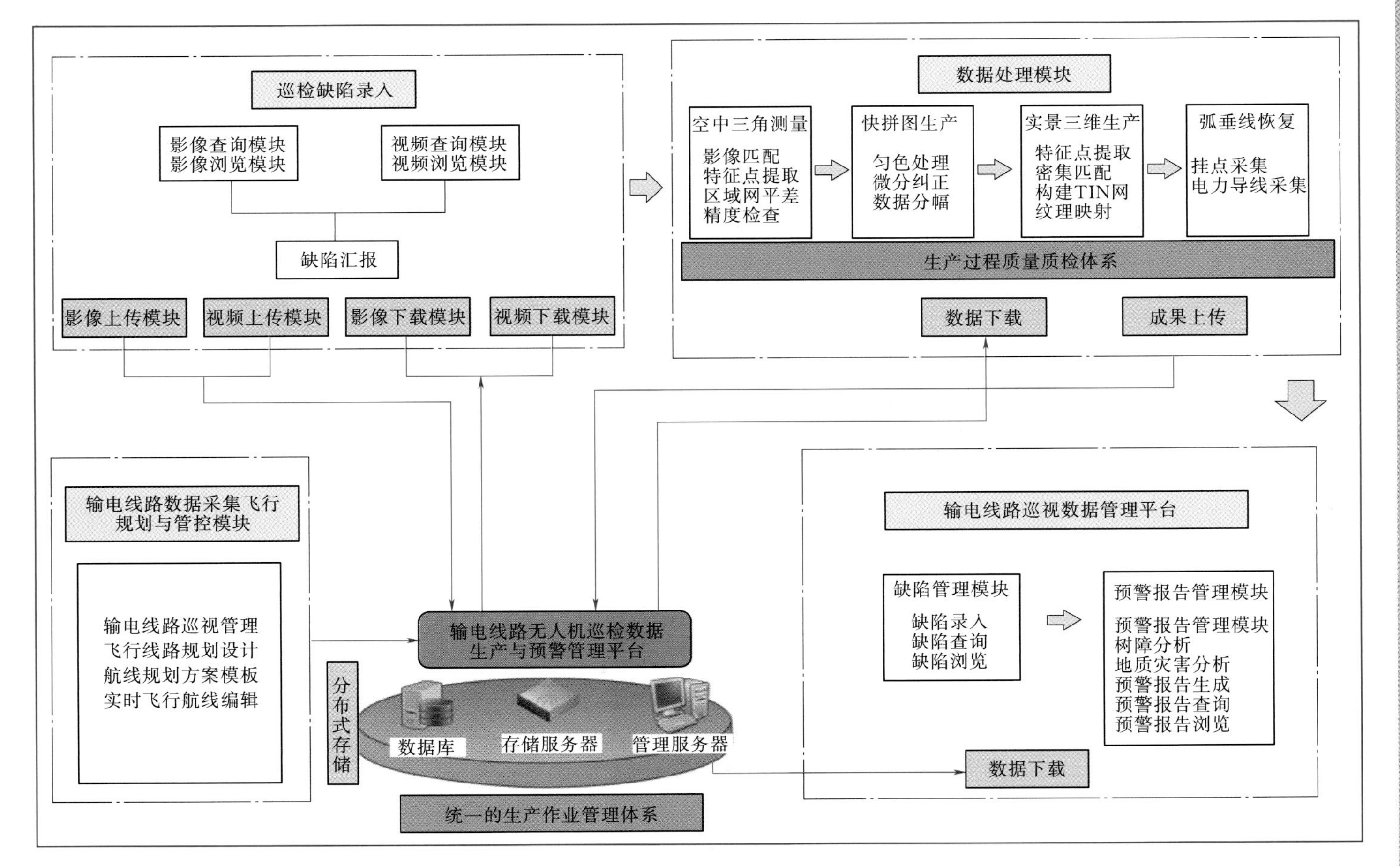
巡检缺陷录入
影像查询模块
影像浏览模块
视频查询模块
视频浏览模块
缺陷汇报
影像上传模块
视频上传模块
影像下载模块
视频下载模块
数据处理模块
空中三角测量
影像匹配
特征点提取
区域网平差
精度检查
快拼图生产
匀色处理
微分纠正
数据分幅
实景三维生产
特征点提取
密集匹配
构建TIN网
纹理映射
弧垂线恢复
挂点采集
电力导线采集
生产过程质量质检体系
数据下载
成果上传
输电线路数据采集飞行规划与管控模块
输电线路巡视管理
飞行线路规划设计
航线规划方案模板
实时飞行航线编辑
输电线路无人机巡检数据生产与预警管理平台
分布式存储
数据库
存储服务器
管理服务器
统一的生产作业管理体系
输电线路巡视数据管理平台
缺陷管理模块
缺陷录入
缺陷查询
缺陷浏览
预警报告管理模块
预警报告管理模块
树障分析
地质灾害分析
预警报告生成
预警报告查询
预警报告浏览
数据下载

图3-8 方案业务架构

通道巡视，本表航飞效率以固定翼无人机测算），见表 3-2。

表 3-2　　性　能　指　标

| 航飞效率 | | 后处理效率（50km 为例） | | 精度指标（以平原地形为例） | |
|---|---|---|---|---|---|
| 航速 | 50～100km/h | 影像 | 2200 张 | 平面精度 | 0.2m |
| 航时 | 2～6h | 空三加密 | 1d | 高程精度 | 0.5m |
| 单架次航程 | 120～240km | DSM | 1d | 地面分辨率 | 4～8cm |
| 单架次有效线路覆盖 | 30～60km | 电力线采集 | 2～3d | | |

### 3.4.2　输电线路无人机分析规划与管控

提供三维环境下的航线规划，实现对输电线路的巡视、线路规划、跟踪、管理、飞行成果质检；提供常用的航线规划方案模板，可快速完成在某个指定区域内定高、定距的航线任务规划工作；任务区域的范围、航向与旁向重叠度、航摄分辨率等均可以自定义。

实时飞行航线编辑，可在飞行任务执行期间修改飞行航线或航点属性，实时调整飞行任务目标。如果在暂停时发生控制信号长时间中断的意外情况，系统会智能地指挥飞机选择最优路线自动返航。

针对输电通道、树障巡检与杆塔精细化巡检影像采集模式的不同，提供对应专用航线设置模板。

**1. 输电通道与树障巡检**

输电通道与树障巡检时，首先根据巡检通道范围划分航摄区域，航线方向将根据输电线路走向确定。在确保飞行安全的前提下，沿输电通道两侧飞行拍摄电力线与其他附属设施，按照满足航摄要求的重叠度的情况下对区域进行无缝覆盖。

**2. 杆塔精细化巡检**

杆塔精细化巡检时需采用杆塔环绕飞行，设置环绕飞行中心及杆塔坐标值，输入环绕半径，飞行器就会实现 360°的热点环绕飞行，机头方向始终指向中心点的方向，实现对塔杆的全方位拍摄。

### 3.4.3　输电线路无人机巡检数据处理

**1. 采集数据的质检**

各单位航飞采集完数据后，应用本模块进行数据检查，并进行审核，检查合格后方可进行下一环节的数据生产工作。

（1）完整性检查。按照巡视计划，对照航飞采集的航片，检查当天巡视工作有没有全部完成、有没有遗漏。

（2）正确性检查。按照巡视计划，检查航飞采集的航片是否正确、巡视塔位是否正确以及通道巡视路径是否正确等。

（3）准确性检查。按照巡视计划，检查巡视的航飞是否准确，巡视塔位照片是否存在拍摄方位不正确、数量不够等情况。

**2. 空中三角测量**

采用光束法局域网平差空中三角测量，支持垂直影像和倾斜影像同时导入参与空三计算，导入倾斜影像、POS数据，经过提取特征点、提取同名像对、相对定向、匹配连接点、区域网平差等步骤的运算处理，得到摄区内影像空中三角测量成果，并对空三成果进行精度检查，提供精度质检报告，数据处理流程如图3-9所示。

（1）快拼图生产。通过区域色彩校正，利用生成的数字高程模型进行数字微分纠正，生成像片数字正射影像图。影像重采样一般采用双三次卷积内插法或双线性内插法。快拼图生产完成后，对像片数字正射影像质量进行检查，对影像模糊、错位、扭曲、变形、漏洞等问题及现象，应查找和分析原因，并进行处理。

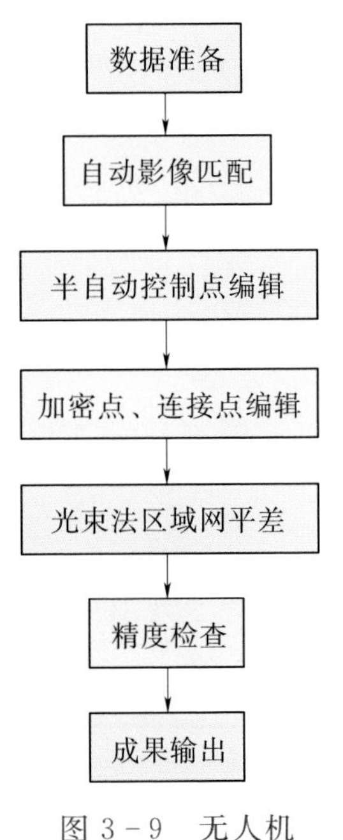


图3-9　无人机数据处理流程

（2）实景三维生产。自动化实景三维模块综合了摄影测量技术、海量数据加载浏览技术、多侧面纹理提取技术及建筑物模型自动提取技术等先进技术，根据航摄获取的影像数据快速制作实景真三维模型，实现实景三维计算的多任务并行处理，真实还原地物的空间位置、形态、颜色和纹理，实景三维数据生产流程如图3-10所示。

三维成果质检：确保三维模型成果无缺失、纹理无变形扭曲、空间位置正确。

（3）输电通道弧垂线恢复。提供针对输电通道弧垂线、挂点的半自动快速采集功能。实现实景三维模型、点云、影像多数据源协同作业模型，通过在无人机高清影像半自动均匀量测线路下导线的少量测量点，由测量点根据悬列线公式拟合出电力线轨迹，恢复高精度输电线模型，如图3-11所示。

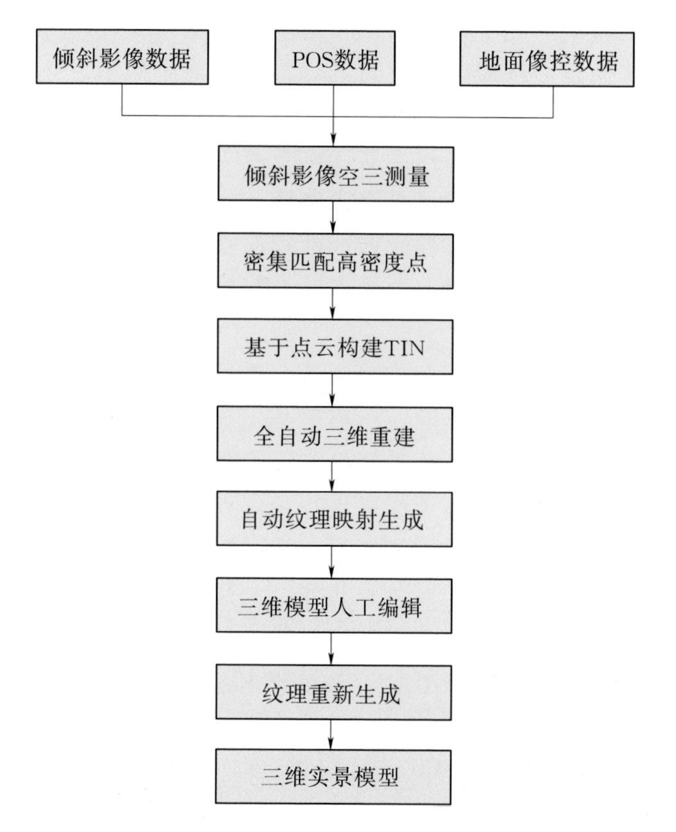


图3-10　实景三维生产流程

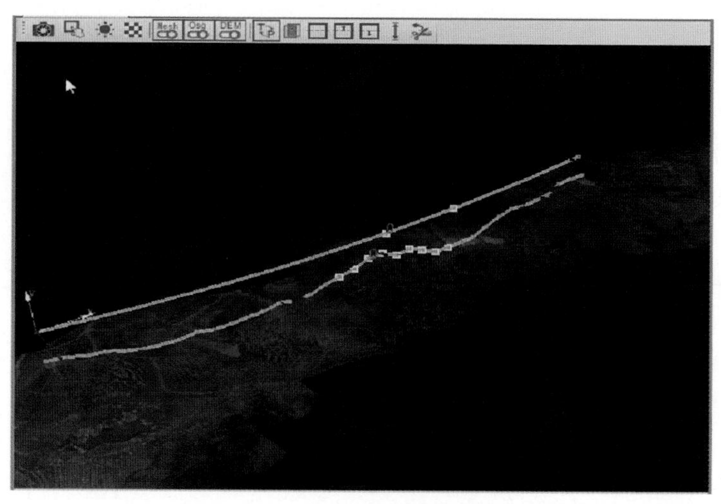

图3-11　输电通道弧垂线恢复

导线恢复成果的质检：恢复导线可基于位姿信息快速检索与调度多视影像数据用于质检恢复导线成果精度。

(4) 杆塔精确定位及建模。在三维实景场景中精确定位杆塔坐标、导线挂点、绝缘子连接点，可快速对杆塔进行建模，如图3-12所示，支持参数化建模、杆塔库建模和人工快速建模。

图3-12 杆塔定位和建模

### 3.4.4 输电线路无人机巡视管控平台

当数据处理完成后，可在本模块实现巡视路线及数据的管理，以及多用户在网络环境下的大范围、海量输电线路的实时动态漫游、查询、定位、量测，多维度影像数据、输电线路实景模型对比，输电线路缺陷与预警管理，并自动生成树障报告。生成树障隐患点可以通过平台实时查看。

**1. 三维功能**

提供输电线路三维场景漫游、查询、定位、模型种植、标注、多期数据对比、量测、增强现实三维体验等三维功能，如图3-13所示。

**2. 缺陷管理**

基于位姿信息的海量影像部件巡查，通过海量影像（视频）的快速检索与调度，可实现输电线路部件缺陷的快速定位，基于多视影像自动配准，实现缺陷快速编录。

(1) 缺陷录入。

1) 管理并调用浏览采集的影像，结合快拼图实现缺陷发现及时录入。

2) 结合多期影像对比分析。

3) 平台提供对部件缺陷信息的录入，将发现的缺陷录入到系统平台，如

图 3-13　三维展示

图 3-14 所示，内容包括线路名、杆塔号、部件名称、缺陷类型、风险等级、备注等。

图 3-14　缺陷管理

(2) 缺陷查询。实现根据检索缺陷相关信息，进行模糊查询，输出所有匹配信息的缺陷记录。

(3) 缺陷浏览。实现通过查询出的缺陷记录，在三维场景定位缺陷位置，并可浏览缺陷详细信息，如图 3-15 所示。

(4) 缺陷修复管理。

1) 修复任务下派。管理人员根据实时录入的缺陷记录以及处理情况，

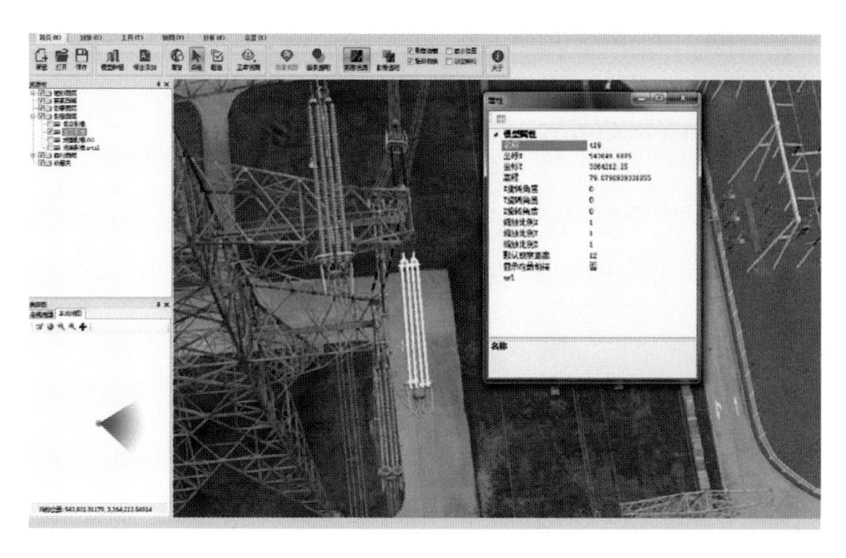

图 3-15 缺陷信息浏览

指派缺陷修复任务到实施人员。

2）修复核查。实施人员对已经修复过的缺陷任务进行复核，现场拍照上传到平台。供管理人员查看评估完成情况。

3）缺陷处理记录。实现将已处理完成的缺陷进行集中汇总，便于回溯历史处理记录。

**3. 树障管理分析**

通过拟合的电力线计算与地表的准确距离，自动进行树障分析，对危险点进行突出显示，并自动输出实时工况树障危险点分析报告，支持多期树障智能化分析和预警。

（1）树障预警。选择对应导线，设置树障预警范围值、树障分析功能，自动生成树障分析报告，如图 3-16 所示，并自动上传到服务器端。

根据多期点云数据自动对比功能（同一区段的线路导线挂点为多期数据比对基准点），实现树障预警功能，实现基于点云对比分析的通道预警功能；预警信息自动上传至服务器。

（2）树障查询。实现根据检索树障预警相关信息，进行模糊查询，输出所有匹配信息的树障预警记录。

（3）树障浏览。实现通过查询出的树障预警记录，在三维场景定位树障位置，并可浏览树障预警详细信息，如图 3-17 所示。

（4）修复任务下派。管理人员根据生成的树障预警记录，指派修复任务

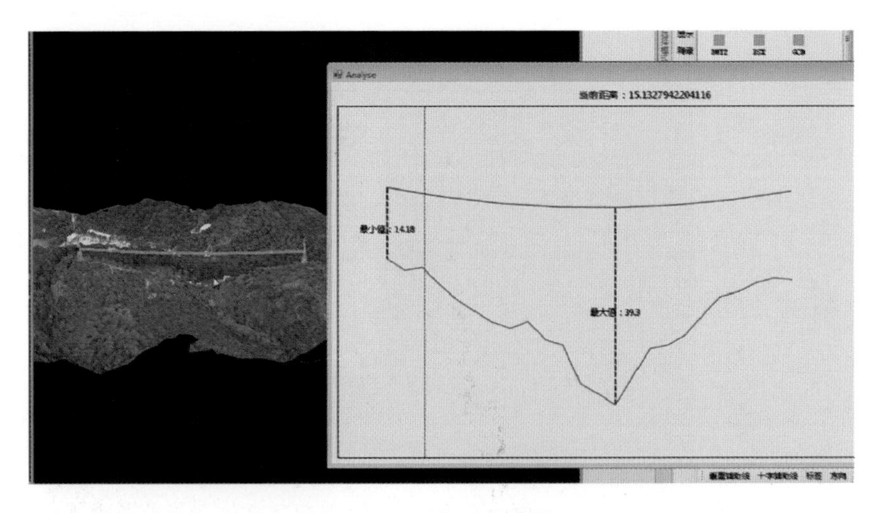


图 3-16　树障预警

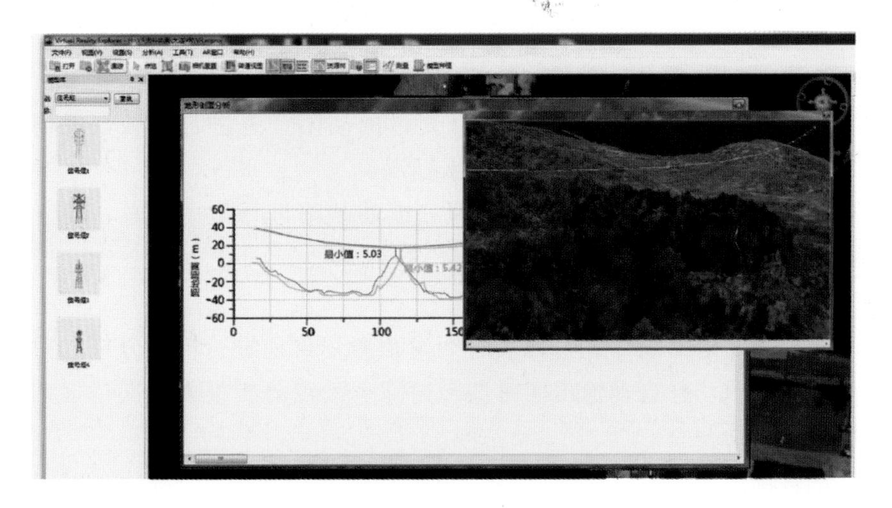


图 3-17　树障信息浏览

到实施人员。

（5）修复核查。实施人员对已经修复过的树障预警任务进行复核，现场拍照上传到平台，供管理人员查看评估完成情况。

（6）树障预警处理记录。实现将已处理完成的树障预警任务进行集中汇总，便于回溯历史处理记录。

**4. 预警报告管理**

（1）预警报告生成。根据时间段、作业任务或缺陷类别等对缺陷信息进行查询，并可自动生成缺陷报告，如图 3-18 所示。可单独生成合并作业区段的大范围导线净空距离分析报告。

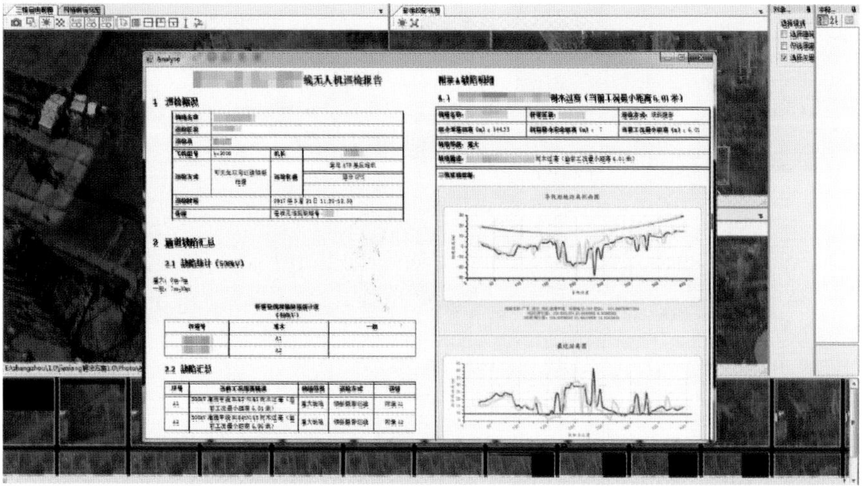

图 3-18　预警分析报告自动生成

（2）预警报告查询。根据时间段、作业任务或缺陷类别等，对预警报告进行模糊查询，输出所有匹配信息的预警报告，管理人员选择需要的报告进行下载操作。

（3）预警报告浏览。实现通过查询出的报告预警记录，在三维场景定位报告对应的预警位置，并可浏览预警报告详细信息。

将浏览的预警报告进行导出，便于存储、现场查阅，以辅助完成预警修复任务。

（4）预警报告打印。实现将浏览的预警报告进行打印，便于携带，现场查阅辅助完成预警修复任务。

### 3.4.5　应用拓展

#### 1. 场站三维建模

支持各种倾斜相机、航测、点云、设计成果、手持相机、街景设备等多数据源影像，真正实现空地一体化三维建模模式，场站三维建模如图 3-19 所示。

空地联合建模，真实感强；多视角建模，精度高，平面精度和高程精度均可以保证建模精度，如图 3-20 所示。

与 CAD、BIM 软件集成，建模效率高，如图 3-21 所示。

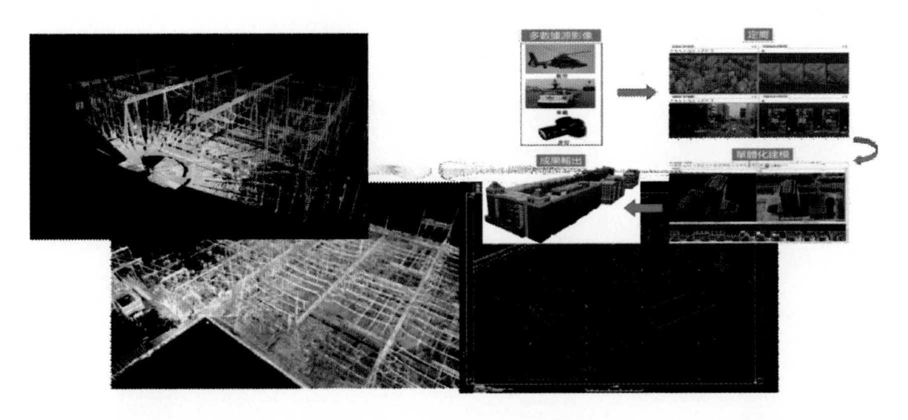

图 3-19　场站三维建模

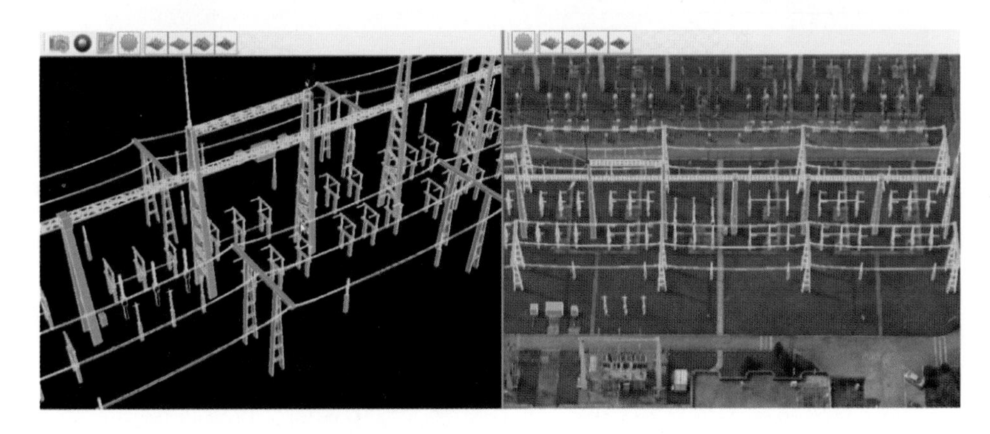

图 3-20　场站三维模型浏览

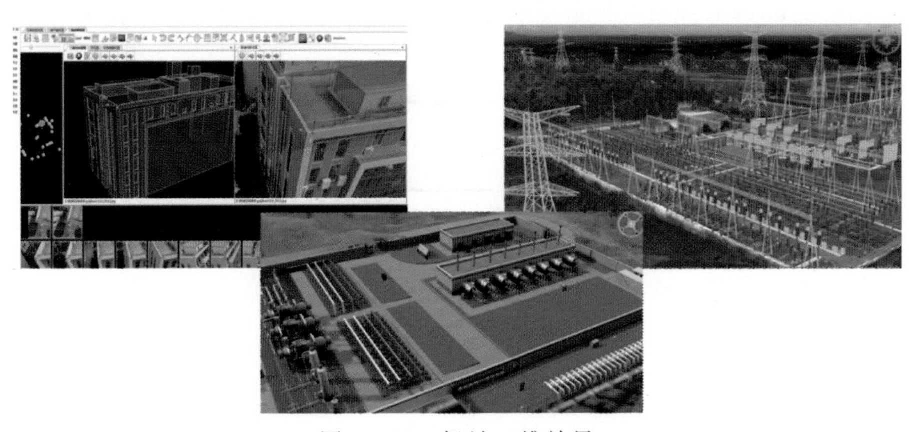

图 3-21　场站三维效果

## 2. 电力选址选线

基于现状实景三维可视化模型的规划设计，在视觉上实现了所见即所得，现状模型的逼真可视化，使得设计人员和公众更加容易参与规划设计，提高规划设计的效率和科学性。同时也降低了对工作人员专业性的要求，大大减少了人工成本的投入，三维线路优选流程如图 3-22 所示。

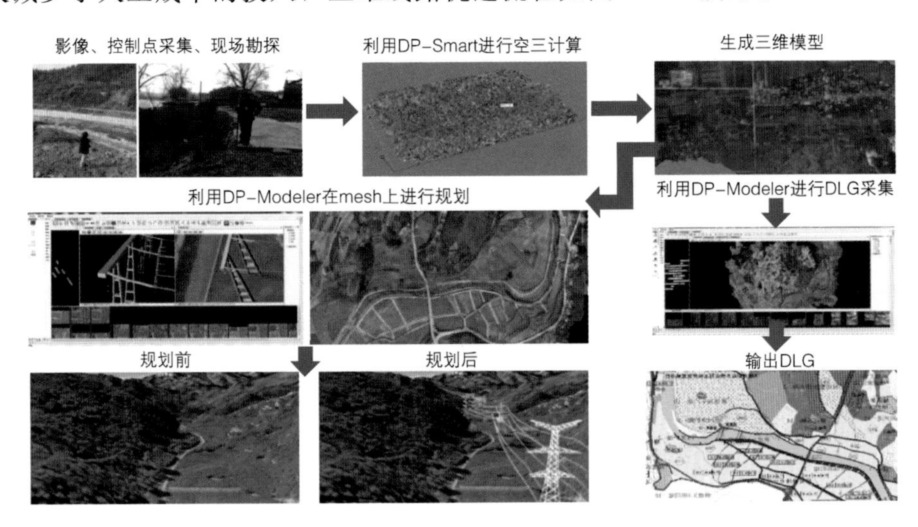


图 3-22　三维线路优选流程

## 3. 风电缺陷监测

对风电机组多视角高分辨率监测，获取监测影像数据，根据高精度影像进行特征提取和病害识别，如图 3-23 所示。病害识别流程如图 3-24 所示。

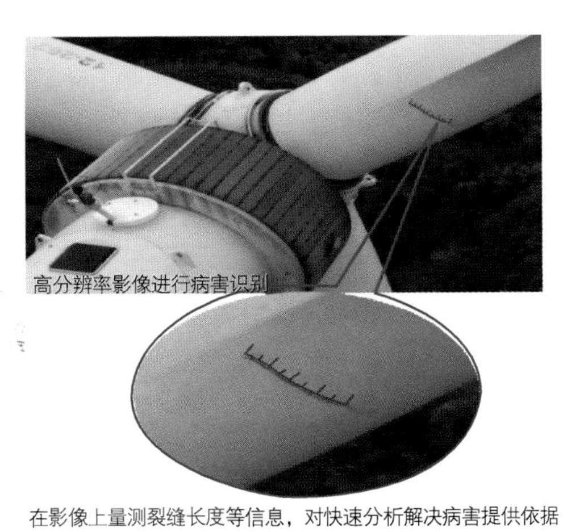


图 3-23　风电缺陷病害监测

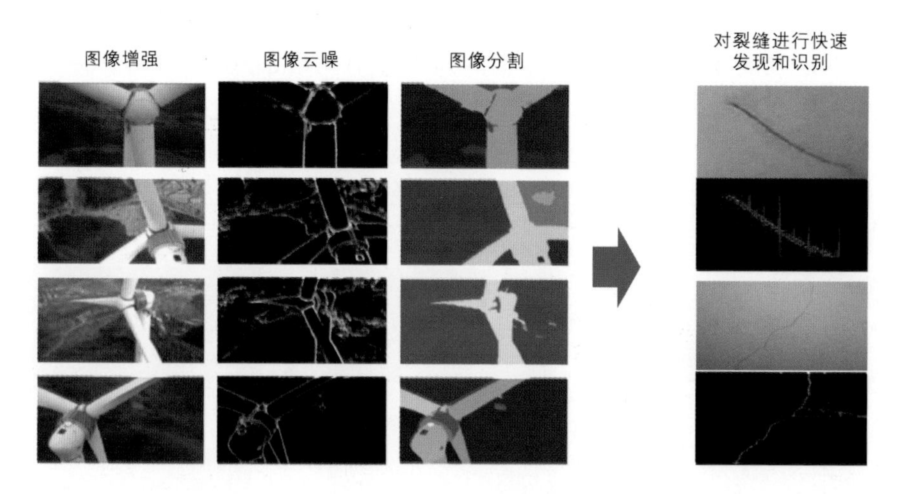


图 3-24 病害识别流程

**4. 电力施工管理**

可将现场视频监控数据、存档视频数据、BIM 设计施工数据与三维实景进行集成，实时传输进入“施工监测管理平台”，进行问题巡检与处理，如图 3-25 所示。

图 3-25 电力施工视频监控

影像与实景三维模型“无缝融合”，通过施工现场多期影像数据对比，对施工进度进行监测，如图 3-26 所示。

现场施工成果与 BIM 设计成果复核，如图 3-27 所示。

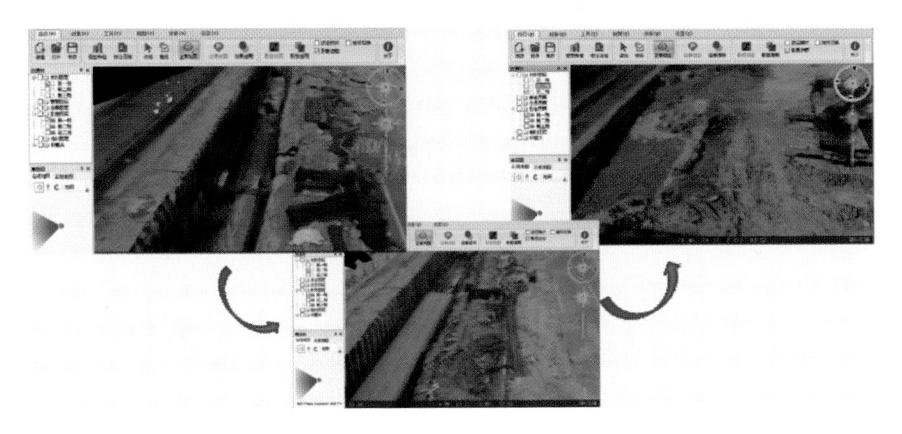

图 3-26 多期应用数据对比

图 3-27 三维模型效果

第4章

# 卫星遥感技术在输电线路中的应用

## 4.1 卫星遥感技术概念

卫星遥感是指运用人造卫星平台上的传感器/遥感器，获取地球表层（包括陆圈、水圈、生物圈、大气圈）特征的反射或发射电磁辐射能量数据，通过数据处理和分析，定性、定量地研究地球表层的物理过程、化学过程、生物过程、地学过程，为资源调查、土地利用、环境监测等服务。可以说，卫星遥感是以卫星平台上的传感器为接收（发射）源，以电磁波与地球表面物质相互作用为基础，探测、分析和研究地球资源与环境，揭示地球表面各要素的空间分布特征与时空变化规律的一门科学技术。值得一提的是，卫星遥感技术不仅包括卫星遥感数据采集与获取，而且包括数据处理、数据信息提取、数据分析与应用，是集卫星遥感数据采集至最终信息产品服务于一体的科学技术体系。

## 4.2 卫星遥感技术的分类

如前所述，卫星遥感技术不仅包括卫星遥感数据采集与获取，而且包括数据处理、数据信息提取、数据分析与应用，是集卫星遥感数据采集至最终信息产品服务于一体的科学技术体系。因此，卫星遥感技术的分类可以从数据获取、处理、分析解译等多个维度进行展开。

### 4.2.1 卫星遥感数据获取技术维度

卫星遥感数据获取是卫星遥感技术的基础，不同波段和成像模式下的卫星遥感数据满足不同应用场景需求。

(1) 从电磁波谱段角度，卫星遥感数据获取技术可分为紫外、可见光、红外、微波等几类。

(2) 从记录方式角度，卫星遥感数据采集技术可分为成像遥感和非成像遥感。比如：一般光学卫星数据和合成孔径雷达（SAR）数据均属于成像遥感；散射计等卫星遥感数据则属于非成像遥感。

(3) 从成像方式角度，卫星遥感数据采集技术可分为被动遥感与主动遥感。被动遥感以光学（可见光、红外等）卫星遥感为主，还有辐射计等微波波段卫星遥感；主动遥感以合成孔径雷达（SAR）、散射计等微波波段卫星遥感和卫星激光高度计为主。

(4) 从空间分辨率角度，卫星遥感数据获取技术可分为低分辨率（大于100m）、中分辨率（5～100m）、高分辨率（1～5m）和超高分辨率（小于1m）遥感数据获取。

(5) 从光谱分辨率角度，光学卫星遥感数据获取技术可分为全色（可见光）、彩色（RGB）、多光谱（波段数不小于4个）和高光谱影像（波段数有几十个甚至上百个）。

### 4.2.2 卫星遥感数据处理技术维度

原始卫星遥感数据不仅受到传感器的系统噪声影响，而且在电磁波传播过程中受到大气衰减、几何畸变等各类不利因素干扰。因此，通过对原始卫星遥感数据进行处理，得到可用的高质量卫星遥感数据产品是卫星遥感技术的关键。目前，卫星遥感数据处理主要分为光学卫星遥感数据处理和SAR卫星遥感数据处理两大类。

对于光学卫星遥感数据处理，卫星遥感技术流程可分为辐射定标、几何校正（地理定位、几何精校正、图像配准、正射校正等）、图像融合、图像镶嵌、图像裁剪、去云及阴影处理和大气校正等几个环节。对于雷达卫星遥感数据处理，卫星遥感技术流程可分为聚焦、多视、滤波、斜距转地距、辐射定标和地理编码等子步骤。

### 4.2.3 卫星遥感数据分析技术维度

基于质量可靠的卫星数据，深入挖掘地物目标信息成为卫星遥感技术发展的核心。目前，卫星遥感数据分析技术主要包括定性和定量两个方面。从定性数据分析角度，基于卫星遥感的地物分类和目标识别是其中的重点。从定量数据分析的角度，研究人员开拓了基于卫星遥感的地物定量反演和信息提取领域。

具体而言，基于卫星遥感的地物分类和目标识别技术可以分成多种多样的子类技术。比如：对于不同分辨率卫星数据，卫星遥感地物分类技术可分为基于像元的地物分类技术和面向对象的地物分类技术；从有无先验条件角度，卫星遥感地物分类技术可分为监督分类、半监督分类和非监督分类。从分类算法角度，卫星遥感地物分类技术又可以分为 K - means 分类、ISODATA 分类、距离分类（最小距离分类、Mahalanobis 距离分类和 J - M 分类等)、Bayes 分类（朴素 Bayes 分类和最大先验概率 Bayes 分类等)、随机场分类（Markov 随机场和 Conditional 随机场分类等）以及深度学习分类（如 SVM、RVM、遗传算法和卷积神经网络等)。对于面向对象的地物分类技术，其中还包括多尺度图像分割等各类技术。

同理，基于卫星遥感的地物定量反演和信息提取技术也涉及非常多的技术方法。比如：针对光学和 SAR 数据，基于卫星遥感的地物定量反演和信息提取技术可以分为高光谱解混、极化分解技术和干涉合成孔径雷达（InSAR）技术等。从模型角度可以分为经验模型、半经验模型和物理模型。其中，针对光学和 SAR 卫星影像，可以建立不同的物理模型，如几何光学模型、物理光学模型、水云模型、MIMICS 模型和 AIEM 模型等。

### 4.2.4　卫星遥感数据应用技术维度

根据卫星遥感数据应用领域的不同，可以将卫星遥感应用技术分为城市遥感、环境遥感、农业遥感、林业遥感、渔业遥感、大气遥感、水文遥感、工程遥感、灾害遥感、军事遥感和电力遥感等。在不同的应用领域中，卫星遥感技术存在差异化和定制化的处理步骤，对应的技术手段在不同领域存在长足的发展。

## 4.3　技术与应用现状

### 4.3.1　卫星遥感数据获取技术现状

#### 1. 光学遥感卫星技术发展现状

光学成像侦察卫星已经成为现代战争信息获取系统的重要装备，在国际航天侦察领域呈现了 3 个层次的发展态势。目前，处于第一集团的是绝对领先的美国，光学成像卫星的军用全色分辨率为 0.1m，商用分辨率为 0.4m，红外分辨率为1m，在光谱分辨率方面，美国“战术卫星”-3（Tacsat-3）的光谱分辨率为5 nm。处于第二集团的是欧洲、俄罗斯、以色列、印度、日本，军用全色分辨率优于1m。这些国家在光学侦察卫星方面强于雷达侦察卫星，目前一方面在提高光学卫星性能，另一方面在大力发展雷达侦察卫星，完善卫星侦察体系。处于第三世界的国家正处在起步阶段，如土耳其、埃及、沙特、卡塔尔、阿联酋、南非、尼日利亚等，不仅对侦察卫星有较强烈的需求，也期望借助侦察卫星项目带动自身航天技术的发展。

（1）国外光学卫星发展现状。当前，美国有3颗“锁眼”-12（KH-12）光学成像侦察卫星在轨运行，卫星发射质量18t，光学口径约3m，焦距27m，寿命8年，采用大型光学系统、自适应光学、大面阵探测器、机动变轨、长寿命、高可靠等技术，全色分辨率达0.1～0.15m，红外分辨率为0.6～1m。另外，美国还有1颗“8×”成像侦察卫星在轨运行，轨道高度800km，它带有光学和雷达两种有效载荷，具有宽覆盖、快速重访能力。美国太空搜索技术公司（SpaceX）首批互联网卫星群定于2017年开始测试，2019年入轨，将用于为全球用户提供1Gb/s的高速上网服务，这批卫星总数达4425颗。2018年1月31日，SpaceX公司制造的“猎鹰9号”（Falcon9）火箭从佛罗里达发射升空，将一枚由卢森堡制造的通信卫星“GovSat-1”送入轨道，发射该卫星的主要目的是扩大北约的监视范围，并扩展其网络攻击阻断能力，还将提供民用通信安全功能。

欧洲正在向一体化卫星侦察系统方向努力，但由于各国侦察卫星技术发展不均衡，以及在轨卫星数量少等原因，目前还处于一种比较松散的合作状态。欧洲光学成像侦察卫星主要使用法国“太阳神”-2（Helios-2）卫星。该卫星带有一台全色（具有红外能力）高分辨率相机（HRZ）和一台宽视场相机（HRG）。高分辨率相机主要采用推扫成像，高分辨率通道分辨率为0.5m，超高分辨率通道分辨率为0.25～0.35m，红外通道可拍摄红外图像，使该卫星具备了夜间光学侦察能力；宽视场相机标称分辨率为5m，幅宽为60km，主要进行普查与测绘制图。俄罗斯现役成像侦察卫星的可见光分辨率最高已达0.3m，多光谱空间分辨率为2～3m，有些具备一定的星上数据处理能力和较高的数据传输能力。与欧美等国家研制的同类卫星相比，它们在寿命和可靠性方面还有一定差距。

进入21世纪以来，俄罗斯一般每年发射一颗代号为“钴”（Kobalt，又名“琥珀”-4K1）的返回式详查卫星。俄罗斯传输型卫星从可见光到近红外区域（0.4～1.1$\mu$m）的8个谱段，根据轨道高度不同，分辨率为2～5m，相机视角为0.56°，对应幅宽大于27km。其传输型光学成像侦察卫星是从1997年6月开始发射的，2002年7月发射了第2颗，但都未达寿命即失效。2008年7月27日发射的“宇宙”-2441卫星为最新型的“角色”（Persona-N1）传输型详查卫星，质量为6500kg、光学口径为1.5m、焦距为20m、全色分辨率为0.33m，但入轨3个月后失效，未投入现役。可以看出，俄罗斯至今仍是用返回式“钴”卫星进行军事详查，测绘任务也由返回式卫星承担，传输型光学成像侦察卫星还未能实现业务操作。

日本“情报收集卫星”（IGS）星座现由4颗光学卫星和1颗雷达卫星组成。其光学卫星的分辨率为0.6～1m，雷达卫星的分辨率为1～3m。

印度从1998年发射首颗自主研制的卫星——“印度遥感卫星”（IRS）-1A以来，已经建成了一个庞大的对地观测卫星体系，目前在役的卫星有10颗，在轨的光学成像侦察卫星有4颗，其中“制图卫星”-2B（Cartosat-2B）光学成像卫星天底点分辨率为1m，幅宽9.6km，顺轨方向分辨率为0.8m。

当今世界，商用高分辨率遥感卫星发展迅速，高分辨率商业成像卫星主要由美国、欧洲等国家的商业公司运行管理。例如，数字全球公司运行管理了3颗卫星（“快鸟”-2、“世界观测”-1/2），地球之眼公司运行管理了2颗卫星（“伊科诺斯”和“地球之眼”-1）；阿斯特里姆地理信息服务公司运行管理了多颗卫星，包括“昴宿星”-1、“斯波特”系列、“陆地合成孔径雷达”等。其中，“世界观测”-2卫星和“地球之眼”-1卫星的空间分辨率均优于0.5m，分别达到0.41m和0.46m。商业遥感卫星的系列化、短重访周期、快速覆盖已经成为发展趋势。

（2）国内光学成像卫星发展现状。我国航天事业历经40多年的发展，在空间技术、空间应用和空间发展等领域飞速进步。1988年风云一号（FY-1）发射成功，标志着国产遥感气象卫星发展的开始；1999—2007年，中巴地球资源系列卫星相继发射，改变了国外高分辨率卫星数据长期垄断国内市场的局面；2010年中国首颗传输型立体测绘卫星天绘一号（Mapping Satellite-1，简称MS-1或TH-1）成功发射，实现了中国传输型立体测绘卫星零的突破；2011年，成功发射高分辨率业务卫星ZY-1 02C；2012年成功发射我国首颗民用高分辨率光学传输型立体测图卫星ZY-3；2013年成功发射GF-1遥感卫星，突破了高空间分辨率、多光谱与宽覆盖相结合的光学遥感等关键技术，国产陆地资源卫星的发展又迈上了新的台阶。

2014年，GF-2卫星成功发射，标志着我国遥感卫星进入了亚米级“高分时代”，具有重要的里程碑意义。2017 年，我国在酒泉卫星发射中心成功发射了“天鲲一号”新技术试验卫星，该卫星的主要目的是开展遥感、通信和小卫星平台技术验证试验；同年 6 月，成功发射首颗 X 射线空间天文卫星“慧眼”；2018 年我国成功发射了高分五号卫星，高分五号将成为全球首颗能够对大气和陆地进行综合观测的全谱段高光谱卫星，将为我国环境监测、资源勘查等方面提供有力的数据支持。

**2. 雷达遥感卫星技术发展现状**

随着信息技术和传感器技术的飞速发展，遥感数据的获取方式逐渐多元化。目前，光学影像已经被大众广泛认知，其应用较为成熟，而雷达图像因其特殊的成像方式和图像特征，应用程度较低。

就目前而言，雷达遥感卫星系统已完成多频段（X－C－S－L）覆盖、低分辨率向高分辨率过渡、单极化到全极化突破，为各行业领域应用提供更为丰富的数据源，进一步扩大雷达遥感应用范围。国内外雷达遥感卫星总体发展如图 4－1 所示。

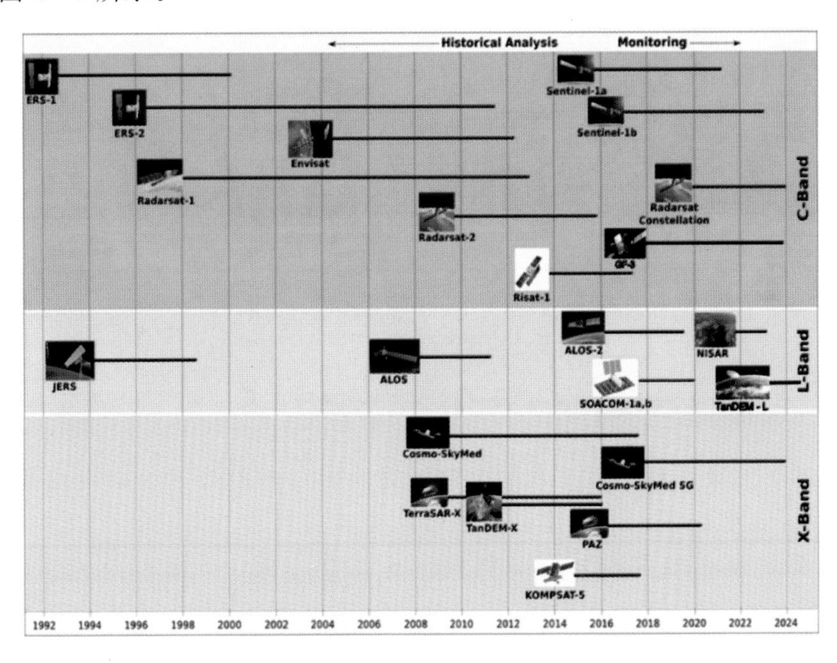


图 4－1 国内外星载合成孔径雷达（SAR）卫星系统

（1）国外雷达卫星发展现状。从 1994 年美国国家航空航天局（NASA）航天飞机（搭载 L、C 频段传感器），到 2002 年欧洲空间局（ESA）发射 C 频段 ENVISAT/ASAR 卫星及 2006 年日本发射 L 频段 ALOS/PALSAR 卫星等，这些卫星为早期雷达遥感技术应用提供大量研究数据，对雷达遥感技术发展做出了重要贡献。

当前在轨运行的高分辨率雷达卫星包括德国的TerraSAR－X、意大利的COSMO－SkyMed、日本的ALOS－2及加拿大的RADARSAT－2。这4颗雷达卫星最高分辨率达1m，可以投入民用，极大地推动了雷达遥感技术研究及应用的发展。需要特别指出的是，RADARSAT－2以其全极化测量能力使SAR数据在极化方式上有突破性的改善，明显地提高了定量雷达遥感解决应用问题的能力。

（2）国内雷达卫星发展现状。我国雷达卫星是在新中国成立后根据国防建设的需要逐步形成和发展起来的，2012年环境一号C星（HJ－1C）民用雷达有效载荷首次成像，成功获取了雷达图像。20世纪80年代，我国开始重视海洋遥感卫星事业的发展，2002年发射了第一颗专用卫星——海洋一号（HY－1）；2011年我国第一颗海洋动力环境卫星（HY－2）发射成功。2016年，我国发射了高分三号（GF－3），这是我国首颗分辨率达到1m的C频段多极化合成孔径雷达（SAR）卫星，将显著提升我国对地遥感观测能力，是高分专项工程实现时空协调，全天候、全天时对地观测目标的重要基础。与以往研制的卫星相比，由于该卫星所承担的任务和用途不同，为使其获取更多的信息，采用了全新的体制和多极化的设计，使卫星可以尽可能把来自各方面的信息都收集起来传递给地面，从而为全方位获取地表的4种极化信息提供依据。高分三号卫星的分辨率可以达到1m，是世界上分辨率最高的C频段、多极化卫星。同时，卫星获取的微波图像性能高，不仅可以得到目标的几何信息，还可以支持用户的高定量化反演应用。

### 4.3.2　卫星遥感数据处理技术现状

卫星遥感数据预处理技术主要包括遥感影像辐射校正、系统几何校正、定标、精/正射校正、影像增强、图像融合、拼接镶嵌等技术。其中的关键技术主要表现在影像融合和几何纠正等几个方面，下面以此为例做深入说明。

**1. 卫星遥感数据几何校正和图像配准技术现状**

常见的通用几何校正模型有多项式（Polynomial）、直接线性变换（Direct Linear Transformation，DLT）、仿射变换模型（Affine Transformation）、有理函数模型（Rational Function Model，RFM）等。商用的遥感卫星数据处理软件如ENVI、ERDAS Imagine、PCI Geomatica等都提供3个几何校正模型，包

括仿射变换、多项式和局部三角网；Arcgis 中几何校正采用的几何变换模型为多项式变换，采用的重采样方法有最邻近像元内插、双线性内插、立方卷积和多数重采样。

目前图像配准方法大致可以分为两大类，即基于图像灰度的配准方法和基于图像特征的配准方法。基于图像灰度的配准方法直接利用图像的灰度值作为特征来确定待配准图像间的变换关系，这类方法充分利用了图像所包含的信息。基于图像灰度的配准方法的基本思想：根据待配准图像间的灰度特点选择一个目标函数，作为参考图像与待配准图像之间的相似性度量，在几何变换参数空间搜索使得这个目标函数为极值的变换参数作为待配准图形间的几何变换。常用作目标函数的相似性度量有互相关方法、互信息方法和相位相关方法。

**2. 多源卫星遥感数据融合方法研究现状**

多源遥感数据融合是当前遥感科学研究的热点和重点问题之一，国内外许多科研工作者在这方面开展了工作，目前尚未形成一个关于多源遥感数据融合的统一理论框架，但促进了多种多源遥感数据融合方法的迅速形成和应用领域的不断开拓。

研究相对成熟的多源遥感数据融合方法主要有代数运算法、回归变量代换法、彩色空间变换法、主成分分析法、高通滤波法以及基于统计理论的融合法。正在兴起的融合方法主要有基于图像多分辨率的小波分析和金字塔形变换融合法基于不同人工神经网络的融合算法以及基于 Dempster - Shafer 证据理论、模糊理论的针对多源遥感数据的不确定性所提出的融合法。此外，研究人员还研究针对不同场景自动选择数据融合方法，以提高数据融合的智能化水平。

（1）几个相对成熟的融合方法。

1）代数运算融合法。代数运算融合是最简单易行的一种多源遥感数据融合方法，根据应用要求，选择参与融合的波段数据一般为多光谱的各波段，与全色图像几何配准后，进行逐个像元的数学运算，主要包括加权融合、单变量图像差值法、图像比值法等。该方法成功应用于同类不同时相遥感图像的融合，或低分辨率的多光谱图像（如 Landsat MSS/ETM 图像）与高分辨率全色图像的融合，以便将全色图像的高分辨率优势反映到融合图像中去。

2）回归变量代换法。回归变量代换法是首先假定图像的像元值是另一图像的一个线性函数，通过最小二乘法来进行回归，然后再用回归方程计算出的预测值来减去图像的原始像素值，从而获得两图像的回归残差图像。经过回归处理后的遥感数据在一定程度上类似于进行了相对辐射校正，因而能减弱多时相图像中由于大气条件和太阳高度角的不同所带来的影响，此法应用于增强空间数据或进行变化检测。

3）IHS 彩色空间变换法。彩色空间变换是最普遍使用的一种遥感信息融合方法。它能把不同传感器数据或不同性质的数据融合在一起，产生特别良好的目视判读的彩色图像，从而大大提高图像的可判读性，以便更容易提取所需的信息，满足实际需要。Haydn 等第一次将这一融合方法应用于两种不同传感器获得的数据中；彩色空间变换以后逐渐应用于 TM 和 SPOT 全色图像数据以及 SPOT 多光谱和全色波段数据的融合。彩色空间变换方法是将 3 个较低空间分辨率的图像经过变换转换为 IHS 空间图像，得到色度 H、亮度 I 和饱和度 S 3 个分量。然后再将高分辨率图像进行对比度拉伸，使之与 IHS 空间的图像有几乎一致的方差和平均值。最后利用这一拉伸的高空间分辨率图像替代 I 图像，把它同 H、S 经 IHS 逆变换，将 IHS 空间的图像转换为最初的 RGB 空间，从而得到融合的图像。但这种方法只能而且必须同时对 3 个波段进行融合操作，由于不同波段数据的光谱曲线不同，融合后的图像扭曲了原始图像的光谱特性，产生光谱退化现象。

（2）正在兴起的新型算法。

1）小波变换融合法。小波变换融合是一个新的数学分支，它被认为是泛函分析、Fourier 分析、样条分析、调和分析和数值分析的完美结晶。小波变换具有变焦性、信息保持性和小波基选择的灵活性等优点。将小波分析引入遥感数据融合是目前正在探索的课题之一。近年来，基于多分辨率小波融合方法已用于多传感器图像数据的融合。该方法首先以低分辨率图像为参考图像来对高分辨率图像进行直方图匹配，以便形成几个图像，然后对这几个图像进行小波变换以形成各自的低频图像和高频细节信息，并用原始的低分辨率图像来取得小波变换后的低频图像，对替换后的图像及与之相关的细节信息进行小波逆变换，从而获得融合图像。与传统的数据融合方法如 IHS、PCA 等方法相比，小波融合模型不仅能够针对输入图像的不同特征来合理地选择小波基以及小波变换的次数，而且在融合操作时又可以根据实际需要来引入双方的细节信息，从而表现出更强的针对性和实用性，融合效果更好。该方法最大限度地保留了原多光谱图像的光谱信息，图像光谱扭曲小，能满足遥感应用（如分类）的要求，同时可以对单个或多个波段进行融合操作。小波变换虽然有很多优点，但在图像融合中，它有以下限制：①由于各原始图像对应像素的特性不同，得到的融合图像很容易出现过渡不自然、光照不合理或人工拼接的痕迹；②随着小波分解尺度的增大，融合图像会出现明显的、有规律的方块效应，使图像的光谱信息损失；③小波变换还会使信号造成相移；④小波变换的计算量是相当可观的，实时性较差。

2）基于神经网络的融合方法。人工神经网络理论的发展，以及神经网络固有的并行性、自组织、自学习和对输入数据具有高度容错性等功能，给多源遥感数据融合开辟了一条新的途径，被广泛地应用于模式识别和分类领域。网络的输入信息可以是目标的测量参数，网络输出为目标识别结果、目标分类结果或对输入信号的其他特定响应结果。此类方法与传统基于统计理论方法的区别是：人工神经网络对模式的先验概率分布的要求较小，不以某个假定的概率对数据进行融合，而是通过自学习的过程完成，具有较好的容错能力，尤其是它的非线性，更能体现遥感数据中的复杂关系。近年来，国内外众多学者将其应用到遥感各领域，取得了不少的研究成果。发展了从单一的 BP（Back Propagation）神经网络、三维 Hopfield 神经网络发展到模糊神经网络、多层感知机、学习向量分层网络、Kohonen 自组织神经网络、Hybrid 学习向量分层网络等多种算法。实践证明，神经网络在数据处理速度和地物分类精度上均优于最大似然分类方法，特别是当数据资料明显偏离假设的高斯分布时，其优势更为突出。因此，在解决复杂的、非线性问题时具有独到的功效。但神经网络也有一些缺点，如局部极值点问题、训练收敛速度太慢、分类性能对各类差别较大以及当数据维数增大时神经网络在判别相似类别的差异时容易造成误分等。

### 4.3.3 卫星遥感数据分析技术现状

遥感信息提取是遥感应用的关键问题，它包括遥感数据的自动分类、智能化处理、特征提取和专题信息提取等技术。基于传统的统计学而开发的遥感图像处理软件，自动分类精度尚满足不了实际的需要，需吸收模式识别、人工智能、专家系统等信息领域的先进技术。传统的遥感图像分类是基于像元的光谱值特征，针对高分辨率遥感影像的特点，应采用一种新的遥感分类技术，正在兴起的是面向对象的遥感影像分析技术，其基本原理是根据地物的形状、颜色、纹理等特征，把具有相同特征的像素组成一个对象，然后根据每一个对象的特征进行分类。分类标准的建立、光谱特征、形状特征、纹理特征的定义及各自的权重关系的确定，是提高分类精度的关键。

早期从遥感影像中提取信息的主要方法是目视判读提取。由于目视判读能综合利用地物的色调或色彩、形状、大小、阴影、纹理、图案、位置和布局等影像特征知识，以及有关地物的专家知识，并结合其他非遥感数据资源进行综合分析和逻辑推理，从而能达到较高的信息提取的精度，尤其是在提取具有较强纹理结构特征的地物时更是如此，它是目前业务化生产的一门技术，与非遥感的传统方法相比具有明显的优势。然而，该方法具有费工费时的特点，如对于大区域综合调查需要3年左右的时间才能完成。在当今的信息社会，具有巨大的海量信息数据，信息的时效性尤为重要，如对农作物估产需要几个月的时间完成，对于灾害的监测评估来说，更需要在数小时或数天时间完成。因此，必须研究遥感信息的自动提取，以达到地物识别的智能化和自动化，从而实现遥感信息直接进入GIS或直接进入数字地球的最终目的。

高光谱遥感数据具有多、高、大、快等特点，即波段多（几十个到几百个）、光谱分辨率高（纳米数量级）、数据量大（每次处理数据一般都在千兆以上）、数据率高（从每秒数兆到每秒数百兆）。如何利用高光谱数据，特别是进行定量分析，以提取感兴趣的信息和进行地物分类识别，国内外学者进行了大量的研究，并形成了两种重要的方向。

（1）通过某种运算使原始的高数据维降低到低数据维，然后利用成熟的多光谱图像分类技术进行分类，具体有极大似然法（MLC）、最小距离分类法、主成分分析法（PCA）、ISODATA聚类、神经网络分类等方法。

（2）利用上述的光谱匹配模型进行信息提取与目标分类，即将高光谱获取数据与已知的光谱进行波形或特征匹配比较达到直接识别地物类型。已知的光谱可以由光谱库获得或直接实测得到。这种处理方法符合光谱仪的设计原意，相对上述的第一类分类技术更为方便直接，同时能够充分地利用光谱信息，也获得了广泛的应用。典型的光谱匹配和识别算法主要有光谱吸收指数（SAI）、二值编码匹配、导数光谱波形匹配、光谱角度匹配（SAM）等。

当前随着人工智能技术的逐步推进，遥感数据处理技术的发展也越来越智能化，处理技术研究主要包括以下几个方面。

**1. 目标信息增强**

信息增强有助于提高目标识别的效率和精度。在时间效应研究和数据集聚的基础上，根据数据集的各种信息特点，研究如何加工、联合来自众多数据源的信息，并使不同时相、不同类型的信息相互补充，进而使信息量得到最大限度的发挥。通过多时相、多卫星数据的信息融合，达到信息增强的目的。

**2. 卫星遥感智能信息处理的目标识别方法研究**

发展在人工智能理论和技术支持下的、具有一定智能程度的遥感信息处理模型，开发适合卫星遥感数据挖掘的、新的地学知识表示方法，采用新的定量化精确算法。需要重点研究信息论方法下遥感信息的表示机理，探讨新的理论和技术实现对卫星遥感图像中空间纹理模式的描述及在卫星遥感图像理解过程中对复杂目标识别的可行性。

**3. 卫星遥感智能信息处理的知识发现和信息提取方法研究**

研究基于专题图像库的卫星遥感信息智能提取和知识发现技术，寻求新的针对卫星遥感数据的挖掘机制，如：基于约束的可伸缩挖掘，基于模式或结构匹配的数据分类以及基于决策的多时相卫星数据智能信息提取。通过样本和特征标识检测、匹配或类比来发现异常、识别目标以及发现各种现象之间的关系等，从而实现最终的知识发现。

同时，研究面向卫星遥感信息的增量挖掘算法，综合考虑卫星遥感图像空间域和频率域特征建立影像理解模型，并实现目标信息的快速提取。这种算法与专题图像库结合在一起，渐增地进行知识更新，修正和加强业已发现的知识，而不必重新挖掘全部数据就可完成信息（特别是变异信息）的快速提取和自动更新。

## 4.4　卫星遥感技术在输电线路中的应用技术

由于卫星遥感技术具有大范围、高分辨率、更新快等特点，在输电线路的勘测设计、巡检等过程中已经得到越来越广泛的应用。

输电线路路径的勘测设计是电力工程建设中的一项主要环节，路径选择的优劣直接影响输电的安全性、便捷性和经济性。针对输电线路路径选择现已广泛使用卫片、航片、全数字摄影测量等新技术，特别是遥感技术可实时、快速、动态地提取输电线沿线地区的地质、地貌、地形等特征，为线路的选择和确立提供依据。目前的研究多数基于30m空间分辨率的TM数据通过目视解译的方法，人工解译输电线沿线地区的不良地质现象、岩性地质构造等信息。实质上，随着遥感技术的发展，卫星遥感不仅可获取更高分辨率的遥感图像，并且高分辨率卫星遥感影像还可提供立体像对，高分辨率遥感数据具有丰富的光谱特征和纹理特征。通过分析这些特征，结合遥感图像自动分类的方法，可快速得到区域土地覆盖/土地利用类型图，从而提取输电线路路径选择的影响因素，如居民区、道路、水体等。此外，基于数字摄影测量方法，卫星立体像对可用于建立DEM数据、制作正射影像图和三维地面模型等。因此，综合高分辨率多光谱数据及卫星立体像对数据，自动提取输电线沿线地区的地物要素、地形等特征，构建 GIS 数据库，通过 GIS 空间分析方法实现输电线路路径优选，这是加快数字电力工作现代化进程、提高设计效率及输电线路设计，线路巡视的自动化、信息化水平的重要途径之一。

本章 4.1～4.3 节分别从概念、分类和技术现状角度对卫星遥感技术进行了宏观的阐述。在此基础上，本节从卫星数据采集、处理和分析技术中选择 5 种目前在输电线路中应用较为成熟且较为关键的技术为例，详细地说明输电线路应用中卫星遥感关键技术及相关应用。

### 4.4.1 卫星高程模型数据处理技术

这里以资源三号卫星数据为例进行说明。针对资源三号卫星的前、中、后视三线阵数据，首先运用像素工厂软件（图 4-2）进行三线阵数据的自动匹点，进行初步的粗差剔除后，依据影像控制点库选择控制点点位清晰、易辨认的点，然后把控制点全部设为检查点作为无控影像进行 DSM 生产。DSM 的生产流程如图 4-3 所示。

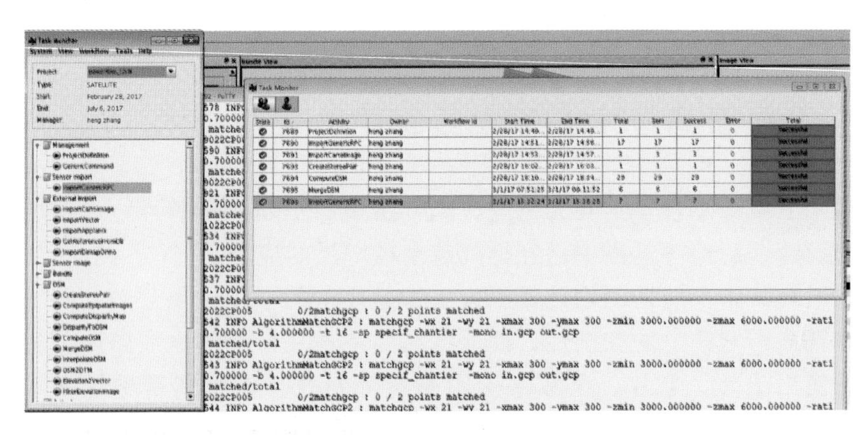


图 4-2 像素工厂操作界面

**1. 传感器校正产品成果数据准备**

根据项目区实际情况，以景为单位或者以条带为单位，准备三线阵立体影像和多光谱影像传感器校正产品数据或者正视全色影像和多光谱影像传感器校正产品数据，并根据项目需求进行一系列初步影像质量检查、筛选等基本的影像数据预处理，其质量和现势性必须满足项目要求，影像清晰、无大面积噪声、条纹及云覆盖，确保影像质量符合高质量 DOM 生产要求。

**2. 影像定向**

影像定向分为相对定向和绝对定向，其中相对定向是利用软件进行前、

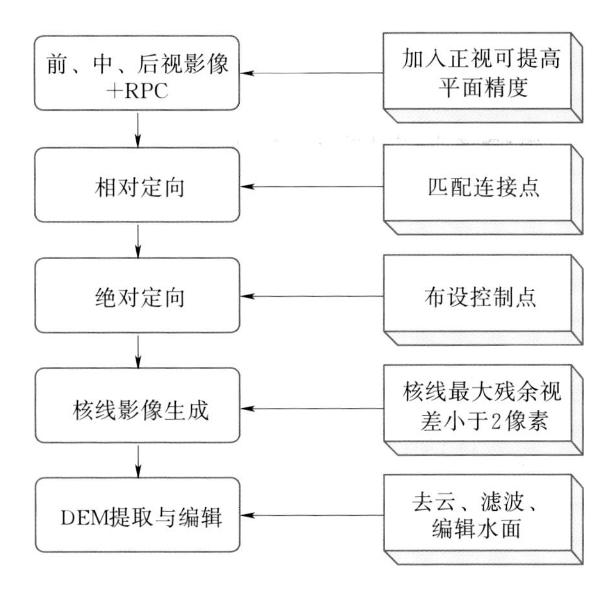


图 4-3 资源三号生产 DSM 技术路线

中、后视的自动匹配点，然后计算残差，删除残差较大的点，使整体的定向精度平面在 10～15m 内，高程精度在 3m 以内。

绝对定向方法按下列方式进行：针对三线阵立体影像和多光谱影像传感器校正产品数据，采用基于 RPC 模型的立体平差方案；按照周边布设控制点方法，减少对控制点数量需求；获得高精度定向参数，一般在每景影像的四角布设控制点。

在控制点选择过程中，尽量采用基于控制点影像库的自动匹配方法，结合人工选点，最大限度提高工作效率。本项目中，为了更大限度地给工程建设提供指导意见，设计了无控制点和有控制点（图 4-4）进行 DSM 匹配的研究，其误差如图 4-5 所示。

由图 4-5 可知，在无控制点的情况下，DSM 进行自由网平差之后的平面精度可以达到 5m，高程精度可以达到 4m，检查点平面最大误差为 33m，高程为 14m；而加入了控制点之后，本项目 DSM 的区域网平差精度达到 1.7m 以下，高程精度达到 2m 以下。

**3. 立体卫星影像数字高程模型 DEM 生成**

针对立体卫星三线阵成像特点，采用高效率、高精度、高可靠性的多像匹配策略，在并行计算方案的支持下，密集匹配影像点、线等特征，自动、快速地建立大范围 DSM 产品，经滤波、编辑等处理，生成满足 DOM 生产

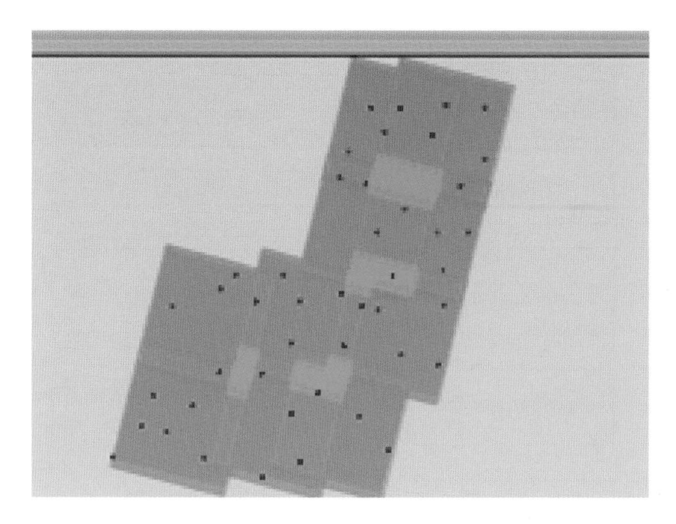

图 4-4　控制点布设情况

```
Control points coordinates residuals:
XYZ bias: 0.000000  0.000000  -0.000008   (meters)
XYZ std : 0.000000  0.000000  12.243253   (meters)
XYZ max : 0.000000  0.000000  146.085290   (meters)

Check points coordinates residuals:
XYZ bias: 20.265332  -9.109946  -1.438769   (meters)
XYZ std : 4.477242  4.827697  3.966760   (meters)
XYZ max : 32.465007  21.280000  13.012413   (meters)

Image coordinates residuals:
xy bias : 0.000000  -0.000000   (pixels)
xy std  : 0.219986  0.188250   (pixels)
xy max  : 1.799188  1.435343   (pixels)
```

```
Control points coordinates residuals:
XYZ bias: 0.010520  -0.005322  0.278372   (meters)
XYZ std : 2.520716  2.211592  12.091575   (meters)
XYZ max : 6.471298  4.403884  146.845505   (meters)

Check points coordinates residuals:
XYZ bias: 0.309397  -0.044049  0.365691   (meters)
XYZ std : 1.230443  1.627866  1.908206   (meters)
XYZ max : 2.016257  3.478443  2.926326   (meters)

Image coordinates residuals:
xy bias : -0.000004  -0.000001   (pixels)
xy std  : 0.220049  0.189073   (pixels)
xy max  : 1.799121  1.426785   (pixels)
```

图 4-5　无控制点 DSM 匹配误差与有控制点 DSM 匹配误差

精度要求的数字高程模型 DEM。

（1）三线阵影像并行匹配。在现有双像匹配算法的基础上，研究能够同时匹配三幅（或更多）影像的多视觉立体影像匹配算法，从而提高影像匹配的可靠性和精度；针对多视觉立体影像匹配的计算量成百倍增大的特点，研究在高性能计算机上实现三线阵影像的快速并行匹配算法。

（2）DSM 构建。集合并整理所有匹配结果后，进行局部的整体匹配，将少量的误匹配点去除；实现三线阵影像自动提取 DSM 的功能，DSM 效果如图 4-6 和图 4-7 所示。

（3）数字高程模型 DEM 生产。以自动生成的大范围 DSM 为基础，进行 DSM 自动滤波处理，滤除树木、建筑物、居民地等地面突出物，生成初级数字高程模型 DEM 数据；对滤波后的 DEM 进行人工交互立体编辑和处理，生产符合规范要求的 DEM。

图 4-6 输电线路 DSM

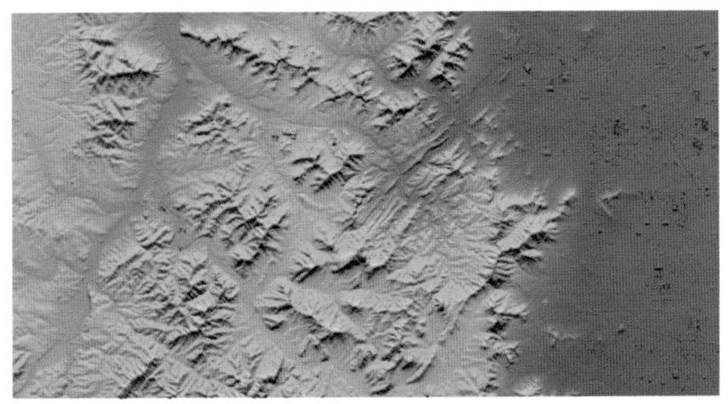

图 4-7 DSM 细节展示

### 4.4.2　卫星数字正射影像处理技术

卫星正射纠正影像制作充分利用立体影像数据生成的数字高程模型DEM，或利用测区已有的1∶10000比例尺DEM成果，在地面控制数据支持下，实现对卫星正视全色影像和多光谱影像正射纠正处理。卫星正射纠正处理流程如图4-8所示。

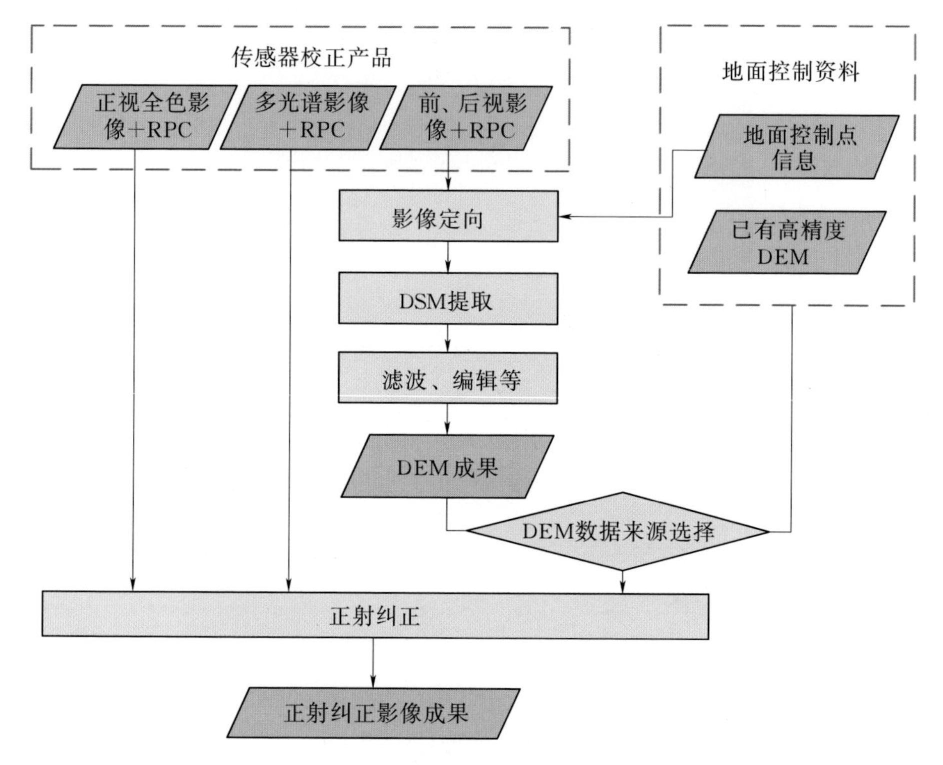


图4-8　卫星正射纠正影像产品制作

以测区内生成的DEM为数据源，对影像进行正射纠正。

**1. 正射纠正处理**

针对景与景之间有影像重叠时，在两景影像重合部分应选取一定数量的共用控制点，以保证影像接边的精度。

根据资源三号卫星传感器校正的定向参数、DEM等信息实现正射纠正参数的精化，进行基于有理函数模型等的正射纠正处理，采用多种重采样方式（包括最邻近元、双线性插值、三次卷积等）进行比较，最终选择双线性差值的方法，实现基于RPC纠正模型的重采样；纠正后卫星遥感影像的灰度、反差应和原始传感器校正产品的灰度、反差保持一致，不出现大面积拉伸、扭曲现象，有效数据范围内不得有漏洞，正射纠正结果如图 4-9 所示。

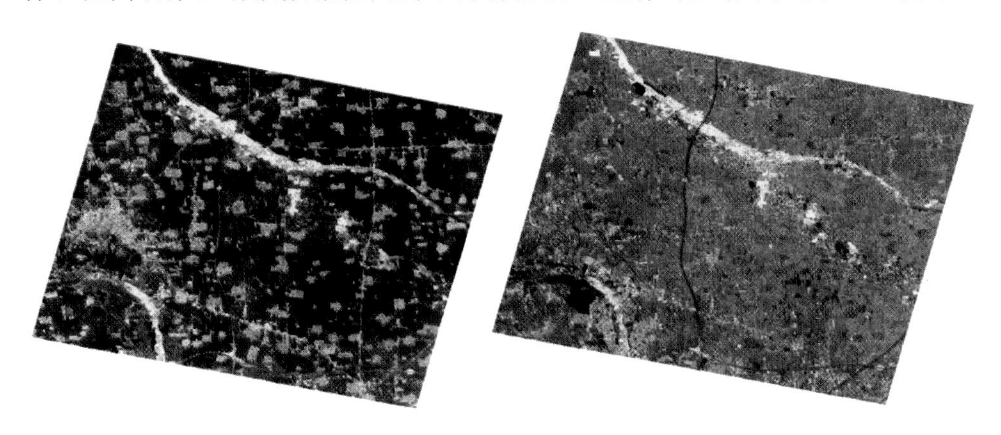

图 4-9 正射纠正结果

**2. 影像配准**

以纠正好的全色卫星影像和 DEM 作为控制基础，选取同名点对多光谱影像进行纠正。为了保证融合效果，配准纠正控制点纠正残差的中误差原则上不超过一个正视全色影像像元。纠正后多光谱影像和全色波段影像应套合较好，两景影像之间的配准精度不得大于正视全色影像的一个像元，典型地物和地形特征（如山谷、山脊）不能有重影。

多光谱影像配准纠正后，正射影像分辨率和原始影像地面分辨率保持一致。

**3. 影像融合**

将全色影像与多光谱影像进行融合，要求融合影像色彩自然、层次丰富、反差适中。地物主要特征清晰，能够显示地形起伏特征和地物的纹理信息，能够突出地物（如建筑物、道路线、街区等）的细节。

对全色影像数据进行亮度和对比度调整，对多光谱影像数据进行彩色合成、亮度和色调调整。

（1）显示全色影像及其直方图，若平均亮度偏亮或偏暗，采用线性变换对其亮度和对比度进行适当调整，或进行直方图标准化处理。

（2）对多光谱影像进行波段组合与彩色合成显示，对相应波段进行亮度和色调调整，或进行直方图标准化处理。

选用恰当的融合规则和改进的兼顾卫星立体成像特点的融合方法对高精度配准的资源三号卫星全色影像和多光谱影像进行融合。针对资源三号多光谱数据，通过绿、红和近红外波段之间的运算和叠加，人工合成似真彩色影像，以便于地物识别和视觉显示，获得满足用户需求的融合影像。融合后影像对比如图 4－10 和图 4－11 所示。

图 4－10　融合前多光谱/全色影像

图 4－11　融合后影像

**4. 影像镶嵌**

镶嵌处理应尽量保持景与景、条带与条带之间影像重叠处无重影和发虚现象，地物合理接边；重叠区域有人工地物时，应手工勾绘拼接线绕开人工地物，使镶嵌结果保持人工地物的完整性和合理性。

景与景、条带与条带之间重叠部分采用影像质量相对较好且时相较新的影像；若影像质量相当，则采用时相最新的影像；若影像时相间隔较短，且地物无变化，则采用影像质量相对较好的影像。

对正射影像成果数据进行去雾、去躁、匀光、锐化、色彩调整等处理，使处理后影像色彩自然、纹理清晰、层次丰富、反差适中，并且无接边痕迹、噪声、斑点等，保证不同图幅之间色调基本一致。色彩调整后，正射影像的直方图大致呈正态分布，没有太亮或太暗失去细节的区域，影像镶嵌结果如图 4-12 所示。

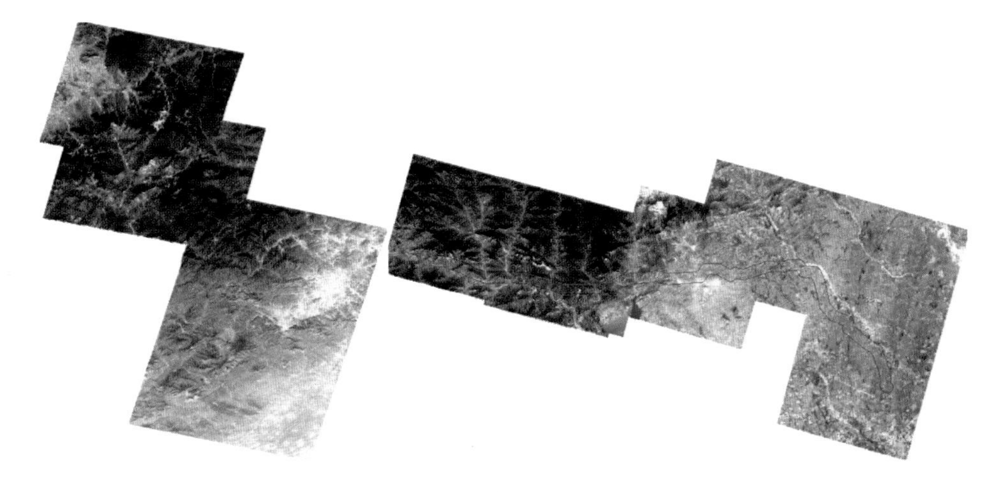

图 4-12 高分二号影像镶嵌

**5. 影像裁切**

在正射纠正、影像配准、影像融合、影像镶嵌等处理基础上，按照线路缓冲区进行裁切，然后按照制图标准制作 DOM 影像图，如图 4-13 所示。

### 4.4.3 多源卫星遥感影像数据三维重建技术

利用卫星遥感正射影像与 DEM 相结合方式可生成三维地形透视图，遥感影像作为纹理映射到地形表面，可构建大范围的三维地形景观，利用三维的虚拟现实技术，使勘测人员得到如临现场的感觉，在室内借助专家系统综合考虑影响设计的各种地理因素，如地物地貌、区域地质情况、水文与水资源情况等，进行多方案比选、路径优化等。选线时给定两点，自动避开建筑区、协议区，寻找最佳路线，并可沿线浏览，提供多方案的技术经济比较。

数字地形模型是三维地形建模的关键，而目前用于电力线路设计的数字地形模型主要形式包括方格网式数字地形模型、三角网式数字地形模型、离散型数字地形模型、分块离散型数字地形模型和鱼骨式数字地形模型。其中方格网式和三角网式数字地形模型在实际应用中更为广泛。而利用全数字摄影测量系统则可以很方便地获取这两种数字地形模型。

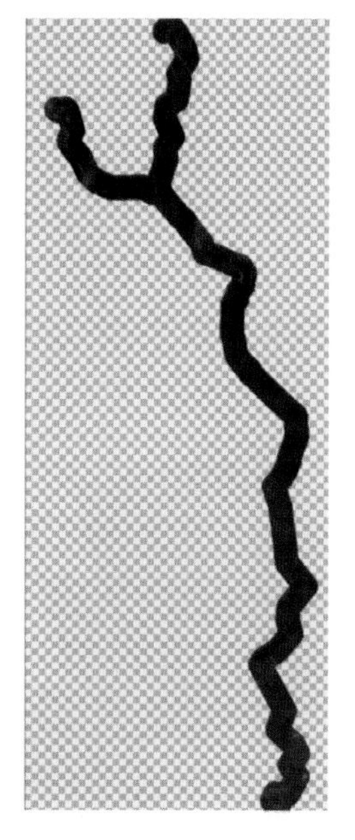

图 4－13　影像裁切图

基于数字高程模型和遥感影像的三维地形可视化基本过程：将数字地形图矢量化，对矢量化数据进行编辑，提取等高线、高程点等地形信息以及山脊线、山谷线等地形信息，然后在约束条件下由离散点或等高线生成不规则三角网（TIN）或内插为规则格网三角网，在此基础上利用计算机图形卡的海量三角面片快速显示能力，进行立体渲染。在同时具有该地区遥感图像的情况下，加载影像并进行处理，将处理好的遥感图像作为地形纹理映射到相应的三角网定点坐标，实现纹理与 DEM 进行叠加，生成该地区真实的地形三维景观。为提升显示效率，通常对 DEM 和影像数据的显示采用 LOD(Level of Detail）的动态加载策略。

### 4.4.4　基于多源、多时态卫星遥感影像特征分析的智能路径选线技术

#### 1. 架空输电线路选线的关键性元素分析

架空输电线路选线的关键性元素来源分散、种类繁杂，衡量的标准各不相同，既有定量的因素，如最小水平距离要求、最小垂直距离要求，也包括大量定性的因素，如线路宜沿已有公路建设等。为真正实现智能路径选择，必须将上述关键性元素参数化，形成计算机能够识别的数学标准。即将上述关键元素中的定量因素进行数字化表达，将定性的因素定量化表达，并统一标准。最终通过对各个元素进行综合分析，形成某一地理位置影响因素的综合评定，从而通过计算获得最优线路。

首先，将输电线路选线关键性元素分为四大类，即地形地质因素、地貌因素、社会经济因素、技术因素等，见表 4－1。

根据规范对上述元素的要求，将路径初选区域分为以下几种类型。

（1）禁止通过区域。规范中出现“避让”字样的所有区域，或已知的线路不允许通过的区域。这类区域在进行路径规划时将排除在外，不允许线路通过，如军事区、自然保护区等。

表 4-1　关键性元素分类表

| 编号 | 要素名称 | 选址规范要求 |
| --- | --- | --- |
| 地形地质因素 | | |
| 1 | 山区 | 影响设计 |
| 2 | 滑坡、泥石流、崩塌等不良地质发育地区 | 避让 |
| 3 | 重冰区，导线易舞动区 | 避让（或采取措施） |
| 4 | 轻、中、重冰区识别 | 影响耐张段长度设计 |
| 5 | 洪灾区 | 综合考虑，采取防洪防涝措施 |
| 地貌因素 | | |
| 1 | 自然保护区、原始森林 | 避让（或协议） |
| 2 | 风景名胜区 | 避让（或协议） |
| 3 | 河流 | 综合考虑 |
| 4 | 军事设施 | 避让（或协议） |
| 5 | 大型工矿企业 | 避让（或协议） |
| 6 | 其他重要设施 | 避让（或协议） |
| 7 | 电台、机场 | 保持安全距离 |
| 社会经济因素 | | |
| 1 | 居民区 | 垂直距离 7～27m |
| 2 | 农业耕作区 | 垂直距离 6～21m |
| 3 | 跨越建筑 | 垂直距离标准约 15m、水平 7m |
| 4 | 经济作物、集中林区 | 垂直距离要求 |
| 技术因素 | | |
| 1 | 大型发电场和枢纽变电站的进出线 | 统一规划 |
| 2 | 两回或多回路相邻线路 | 统一规划 |
| 3 | 铁路，高速公路，一级等级公路，一、二级通航河流及特殊管道等 | 与线路交叉时影响设计，有最小垂直距离和最小水平距离要求 |
| 4 | 国道、省道、县道及乡镇公路 | 宜沿道路选线 |
| 5 | 弱电线路 | 保持安全距离，交叉角要求 |
| 6 | 220V 及以上架空线路 | 影响绝缘子串设计 |

（2）尽量避免通过区域。规范中建议远离或线路通过较困难的区域。这类区域在进行路径规划时优先级较低，即尽量不规划线路，如居民区、经济作物区等。

（3）限制通过方式的区域。通常是公路、河流等条带状区域，一般采用顺河流、公路方向规划线路，如河流、铁路和高速公路等。

（4）方便通过区域。地形平坦、地质条件良好，适合线路通过的区域。路径规划时优先通过。

通过将关键性元素重新分类，并定义四类不同区域，为路径规划确定了指导框架，是实现智能路径选择的基础。

**2. 多级网格数据模型**

为计算一片区域中的最优路径，需要将选线的备选区域进行网格划分，形成规则的网格单元，每个网格都有成本，代表线路通过网格时或者从邻近网格到该网格所需要花费的代价。网格的成本主要是通过综合与其他影响选线因素的空间数据叠加分析来获取，然后为每个影响因素赋予不同的权重，计算出最终的网格单元的通过成本。

（1）网格划分。网格单元可以是固定大小，如2km×2km、1km×1km和500m×500m的网格。然而，一种网格层次的栅格数据难以满足不同地理区域的不同影响因素的信息提取。本节依据关键性元素在不同分辨率层次上的作用大小，设计自动适应影响因素复杂变化的多级网格数据模型。对区域进行多种网格等级的划分，能够在较大网格单元计算时快速得到粗略的线路通道，在较小网格计算时得到具体的线路，如图4-14所示。

首先在较粗层次上选择较粗的选线范围，并建立缓冲区，形成一个选线粗级通道，即图中第一层；然后在粗级通道内选择较细的通道，即图中第二

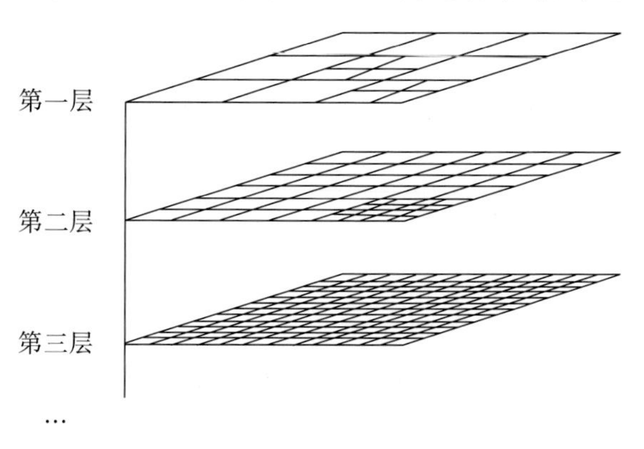


图4-14 多级网格示意图

层；再在较细的通道上选择更细的通道，即图中第三层；以此类推逐级选择，直到在最细的网格层次上选出线路为止。

（2）网格成本。将选线关键性元素分为地形地质因素、地貌因素、社会经济因素、技术因素。确定网格成本的主要因素如下：

1）地形地质因素、技术因素。在较细的格网时考虑地形地质因素及技术因素。依据地形数据和卫星遥感影像数据对划分的网格进行归类，确定其是否为平地、丘陵，区域内是否有输电线路、道路等。遇到网格中包含多种地形时，使用综合地形增加系数计算表进行计算，即将各类地形增加系数按地形所占比例相乘，最后累加得到综合增加率。

2）地貌因素、社会经济因素。主要在较粗的格网时考虑地貌因素及社会经济因素。依据卫星遥感影像数据及数据分析结果，能够筛选出地貌因素、社会经济因素，如居民区、林地、厂房建筑以及自然保护区等。可依据选线设计要求对不能通过的区域赋予相应网格远高于平地的施工费用作为权值，以此方式保证选线时能规避此类区域。

将以上因素构成的成本累加，就能得到在该网格区域内施工的大致成本，以此作为每个单元格的权重参与选线计算。

将网格与网格间的连接权重视为网格连接成本，如线路长度、材料费用、转角费用等，这些费用可以通过距离和方向的计算进行估算。

**3. 线路路径算法**

根据多级网络数据模型，首先在粗格网的基础上得到粗略的选线通道；然后利用较细格网计算得出具体的线路。

### 4.4.5 基于干涉合成孔径雷达的电网杆塔位移监测技术

干涉合成孔径雷达（InSAR）技术包括 PS－InSAR、SBAS 和长基线 InSAR 等多种技术。在此，以前沿的长时间干涉测量技术（MTInSAR）为例，阐述该技术在电网杆塔位移监测中的应用流程和技术体系。

在监测数据集采集后，采用长时间干涉测量技术对影像数据集进行高精度的定量分析，从而可对初期 DInSAR 结果进行更新，估算形变中心的形变速率等数值。SBAS 技术采用奇异值分解算法，对影像数据中相关性较高的散射点干涉相位进行高、低通滤波求解其沉降值。长时间干涉测量技术处理流程主要包括差分干涉对的选择与生成、相干点目标的选择、干涉纹图的解缠以及研究区时间序列形变量的获取几个主要步骤。其主要工作流程如图 4－15所示。

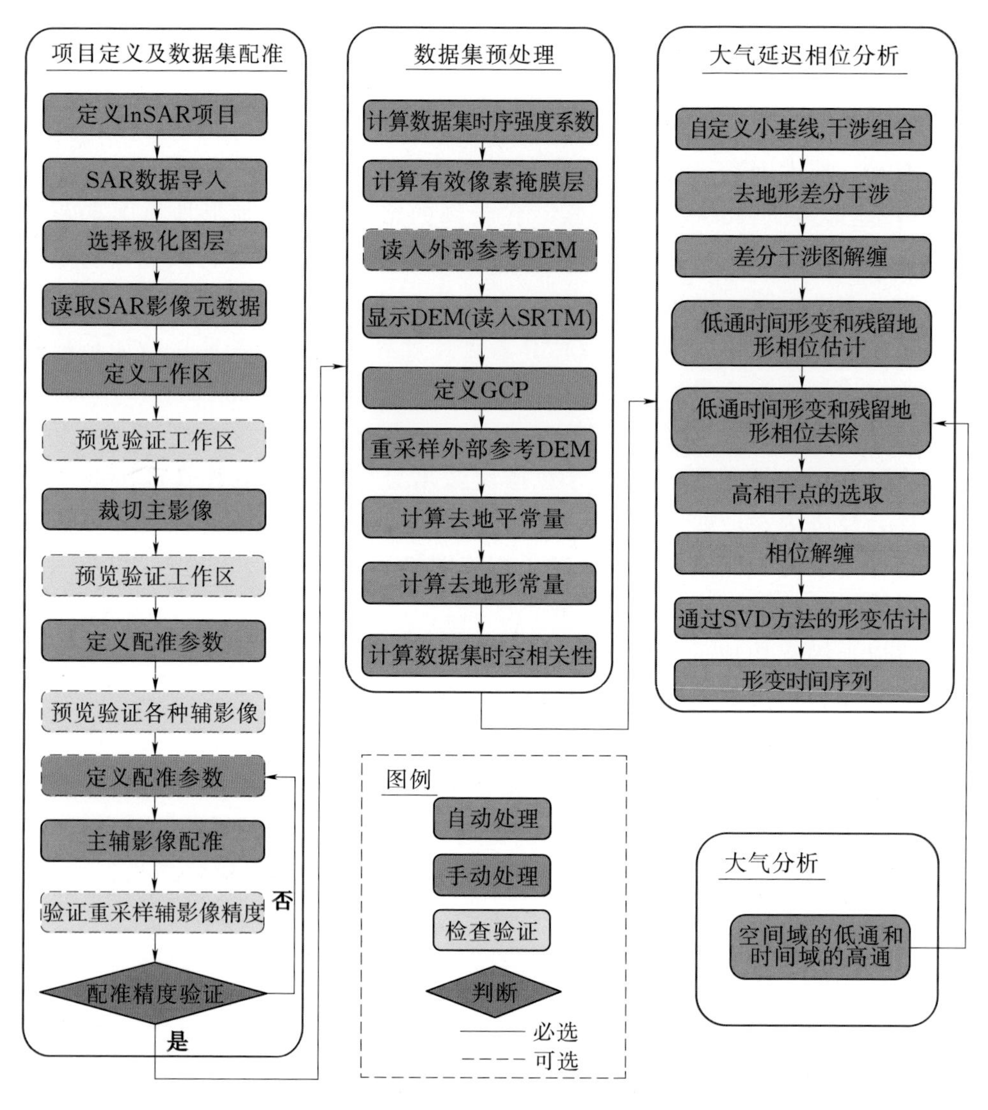


图 4-15　长时间干涉测量技术干涉处理流程框图

长时间干涉测量技术处理的基本步骤主要包括：差分干涉相位图生成；分布式散射体候选点选择；形变和高程误差的估计；大气相位校正；DS 点上形变和高程误差的重估计。在分布式散射体处理流程中，通过解算方程组获取对研究区域的形变和 DEM 误差的估计，是整个技术流程难点所在。长时间干涉测量技术的关键技术步骤如下。

(1) 差分干涉相位图生成。利用外部 DEM 或者相干性较好的若干干涉对生成的 DEM，消除地形相位，生成差分干涉相位图，如图 4-16 所示。

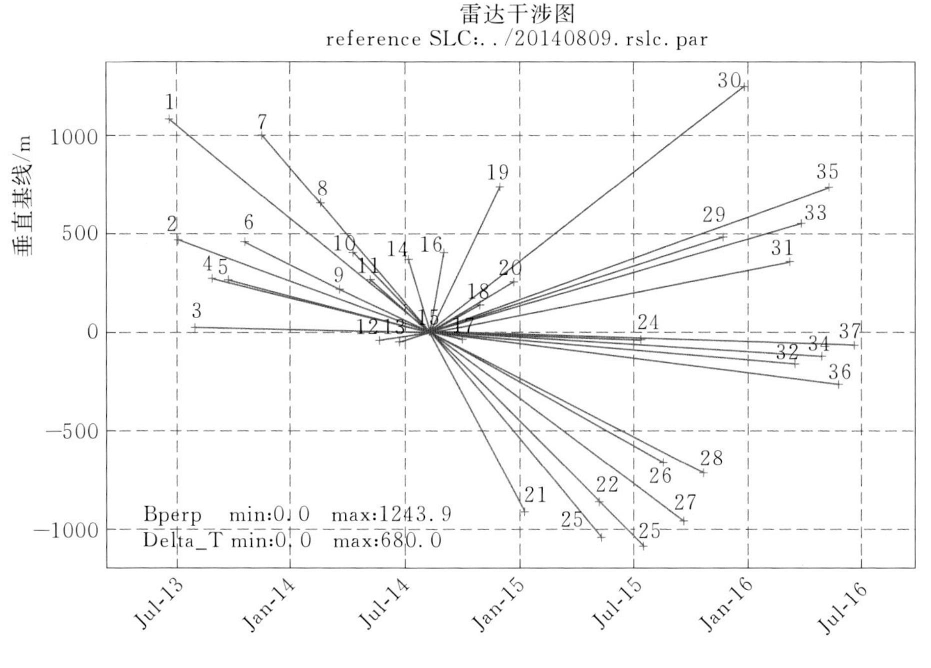


图 4-16 干涉网络组合

(2) 选择分布式散射体候选点。挑选具有稳定散射特性的地面目标作为分布式散射体候选点，分布式散射体（CDS）相对于 DS，DS 点目标机制的特点涉及分辨率单元内所有较小散射体的相干累加，这些散射体中没有一个的散射特性是占据统治地位的。

(3) 形变和高程误差的估计。在选出的 DSC 点上，差分干涉相位可以表示成形变相位、高程误差相位、轨道误差相位、大气扰动相位和噪声相位之和。假定地表形变以线性形变为主，而高程误差相位与高程误差呈线性关系。

(4) 大气相位校正。在估计出每个 DSC 点上的线性形变速度和 DEM 误差并移除这部分相位之后，剩余的相位由非线性形变相位、大气扰动相位和噪声相位组成，其中大气相位和非线性形变相位在时间域和空间域具有不同的分布特征：非线性形变在空间域的相关长度较小，而在时间域具有低频特征；大气扰动在空间域的相关长度较大，在时间域呈现随机分布，可以理解为一个白噪声过程。

(5) DS 点上形变和高程误差的重估计。在移除大气扰动相位之后，利用整体相关系数来选择分布式散射体，保留整体相干系数大于一定阈值的 DSC

点作为DS点。在保留下来的DS点上重新建立方程组，计算出线性形变速度和DEM误差，通过Kriging插值得到形变时间序列图和修正后的DEM。

## 4.5 应用实例

### 4.5.1 卫星遥感技术在输电通道选线中的应用

**1. 业务需求及解决问题**

按照电力线路设计规范，设计一条兼顾经济和安全的线路要求对线路跨区内的地貌、地物和地质情况非常了解。以往线路选择主要是采取在纸质或电子地图上作业并结合现场踏勘方式，这种方式虽然精度高，但往往存在数据来源单一、时效性差、处理工作量大、作业周期长、成果准确度不高、不利于共享、文档制作繁琐等缺点，且收集的地形图资料往往年代已久，与当前工程范围区域的实地地形地貌出入很大，已不能适应当前电网建设的需要。

随着空间技术的飞速发展，卫星遥感技术以其宏观性强、大尺度、周期短、成本较低、能反映动态变化、受地面条件限制少等特点，广泛应用于国民生产的各个领域。遥感图像宏观、逼真、直观、丰富的信息为输变电工程地质选线、工程可行性研究、沿线工程地质条件评价提供了有利条件，在辅助输变电工程选址选线中的应用优势已经被广泛认可，主要应用形式体现为基于航空遥感或高分辨率卫星遥感影像生成数字高程模型（DEM）和数字正射影像作为参考，或者直接参考Google Earth影像，在1∶10000或1∶50000地形图上进行选址选线。遥感影像技术的应用，提高了选线选址时的数据精度，也提升了设计人员的工作效率，是电网建设、运维方面大力推广的发展方向。

**2. 示范区与数据选择**

（1）示范区选择。某电力公司卫星遥感影像辅助选线的数据处理给出4条预选线路，具体见表4-2和图4-17所示。

**表4-2　　预 选 线 路　　单位：kV**

| 工程序号 | 工 程 名 称 | 电压等级 | 设计阶段 |
|---|---|---|---|
| 1 | 衡沧500kV输变电工程 | 500 | 可研进行中 |
| 2 | 锦界、府谷电厂送出工程 | 500 | 初步设计阶段 |
| 3 | 涞源泉峪220kV输变电工程 | 220 | 可研进行中 |
| 4 | 灵寿二阳关220kV输变电工程 | 220 | 可研审查完成 |

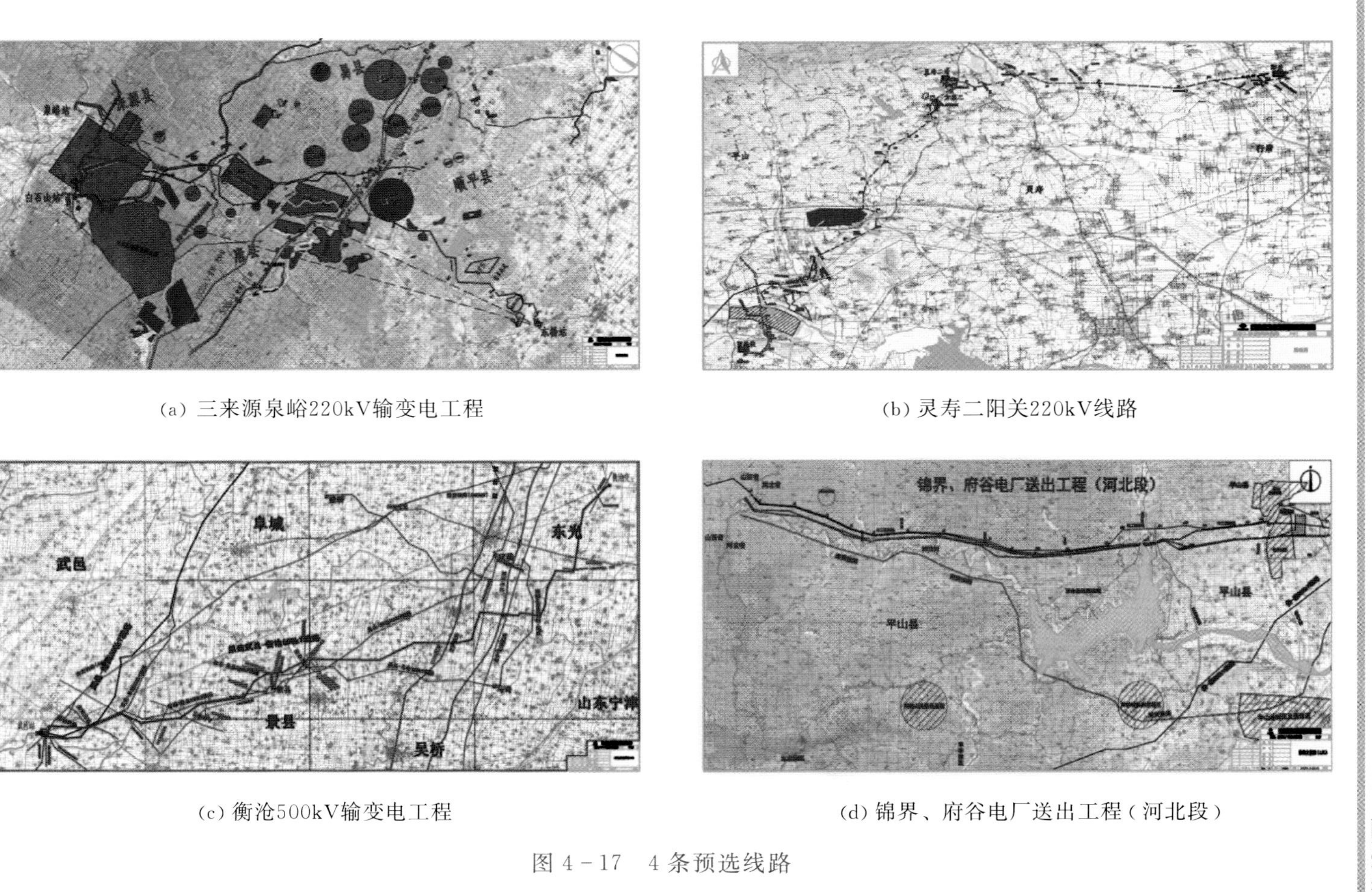


(a) 三来源泉峪220kV输变电工程

(b) 灵寿二阳关220kV线路

(c) 衡沧500kV输变电工程

(d) 锦界、府谷电厂送出工程（河北段）

图4-17　4条预选线路

在国网河北省电力公司提供的4条可选线路基础上，依据任务书关于线路电压等级的要求，综合已有基础地理数据（控制点、DEM及地灾点等基础地理信息数据），并向国家卫星测绘应用中心查询了国产资源三号卫星和高分系列卫星存档数据情况，最终分别选择了涞源泉峪220kV以及锦界、府谷500kV输电线路作为本项目的示范区。在Google Earth上两条线路的地理位置分别如图4-18和图4-19所示。

图4-18　500kV锦界—府谷输电线路

（2）卫星数据选择。卫星遥感以其大范围同步获取数据的特点在电力工程选址选线中具有很好的应用前景，但相比于航空摄影，其影像分辨率不高，一般并不能满足施工图设计阶段的精度要求，因此应着重对卫星遥感在可研阶段和初设阶段的应用进行研究，这就从最终的应用层面上决定了在工程建设中并不能投入过多的资金来购买卫星遥感数据源，因此选择价格较低但质量并不输于国外卫星的国产卫星数据是最优化的选择。随着国家“高分专项”的进一步推动，高分二号以及全色/多光谱的分辨率为0.8m/3.2m基本已经替代国外1m级以上产品。在立体测绘卫星方面，我国第一颗民用高分辨率光学传输型测绘卫星——资源三号卫星，其获取的三线阵数据最大能够生成5m格网的DSM和DEM，可满足1∶10000的DEM成图要求，叠加0.8m的高分

图4-19　涞源泉峪220kV输变电工程

二号融合影像，能够很好地用于三维展示。综上所述，最终选择了高分二号和资源三号卫星数据进行研究。

1）资源三号卫星。资源三号测绘卫星，简称 ZY3，是中国第一颗民用高分辨率光学传输型测绘卫星。它搭载了 4 台光学相机，包括一台地面分辨率 2.1m 的正视全色 TDI CCD 相机、两台地面分辨率 3.5m 的前视和后视全色 TDI CCD 相机、一台地面分辨率 5.8m 的正视多光谱相机，数据主要用于地形图制图、高程建模以及资源调查等。卫星设置寿命为 5 年，可长期、连续、稳定地获取立体前正后视全色影像、多光谱影像以及辅助数据，可对地球南北纬 84°以内的地区实现无缝影像覆盖。

资源三号卫星利用经过适应性改进的资源二号卫星平台，实时或准实时将图像数据传回地面。与现有的资源类遥感卫星相比，资源三号卫星图像分辨率高、图像几何精度和目标定位精度较高，其具有的 1∶25000 比例尺的立体测图能力和 1∶10000 地形图更新能力，在国际上有很强的竞争力。

资源三号卫星影像由正视全色影像、前视全色影像、后视全色影像以及多光谱影像组成。影像技术参数见表 4-3。

**表 4-3　　资源三号卫星影像基本参数一览表**

| 相机模式 | 全色正视；全色前视；全色后视；多光谱正视 |
|---|---|
| 分辨率 | 星下点全色：2.1m；前、后视 22°全色：3.5m；星下点多光谱：5.8m |
| 波长 | 全色：450～800nm |
| | 蓝：450～520nm |
| | 绿：520～590nm |
| | 红：630～690nm |
| | 近红外：770～890nm |
| 幅宽 | 星下点全色：50km，单景 $2500km^2$；星下点多光谱：52km，单景 $2704km^2$ |
| 重访周期 | 5d |
| 影像日获取能力 | 全色：近 $1000000km^2/d$；融合：近 $1000000km^2/d$ |

2）高分二号卫星。高分二号卫星是我国自主研制的首颗空间分辨率优于 1m 的民用光学遥感卫星，成功实现了全色 0.8m、多光谱 3.2m 的空间分辨率，以及优于 45km 的观测幅宽，综合性能达到世界先进水平，见表 4-4。与现有的资源类遥感卫星相比，高分二号卫星的 m 级空间分辨率、高辐射精度、高定位精度和快速姿态机动能力能更好地满足项目要求。

表4-4　　高分二号卫星影像基本参数一览表

<table>
<tr><th>参　　数</th><th colspan="2">0.8m分辨率全色/3.2m分辨率多光谱</th></tr>
<tr><td rowspan="5">光谱范围</td><td>全色</td><td>0.45～0.90μm</td></tr>
<tr><td rowspan="4">多光谱</td><td>0.45～0.52μm</td></tr>
<tr><td>0.52～0.59μm</td></tr>
<tr><td>0.63～0.69μm</td></tr>
<tr><td>0.77～0.89μm</td></tr>
<tr><td rowspan="2">空间分辨率</td><td>全色</td><td>0.8m</td></tr>
<tr><td>多光谱</td><td>3.2m</td></tr>
<tr><td>幅宽</td><td colspan="2">45km（两台相机组合）</td></tr>
<tr><td>重访周期（侧摆时）</td><td colspan="2">5d</td></tr>
<tr><td>覆盖周期（不侧摆）</td><td colspan="2">69d</td></tr>
</table>

3. 主要成果展示

(1) 示范区DSM和DOM叠加构建立体场景。依据资源三号生成的DSM和高分二号生成的DOM，两者叠加可以显示三维场景。在ArcScene 10.2中，把裁剪成一致范围的DOM和DSM进行叠加显示。因为DSM格网生成的为5m，所以两者最小显示可以到5m。由于格网间距越小，软件显示耗费的时间越长，对硬件的要求越多。因此，通过试验比较了30m、15m、10m、5m格网显示情况，如图4-20～图4-23所示。

图4-20　30m格网叠加影像

图4-21　15m格网叠加影像

(2) 利用卫星遥感对输电通道沿线地质条件监测。从总体上看，输电线路沿线没有规模较大的不良地质现象，所经区域多为人烟稀少的丘陵低山地区，人为影响小；地层岩性以寒武系砂岩为主，岩性条件好；地貌以丘陵低山为主，部分地区平原耕地分布较多，全线耕地所占比例不大，林地多，植被好；沿线断裂构造数量较多，但基本以小型断裂为主。输电线路工程地质条件较好，稳定区占线路长度的70%左右，不稳定区范围较小，如图4-24所示。

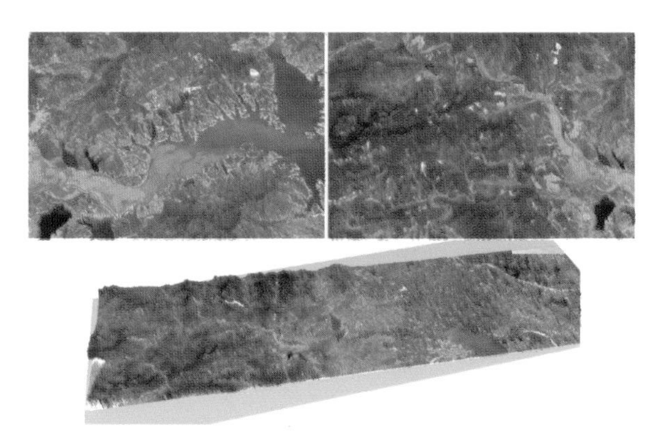

图4-22 10m格网DSM叠加资源三号立体影像图

图4-23 5m格网DSM叠加高分二号影像效果

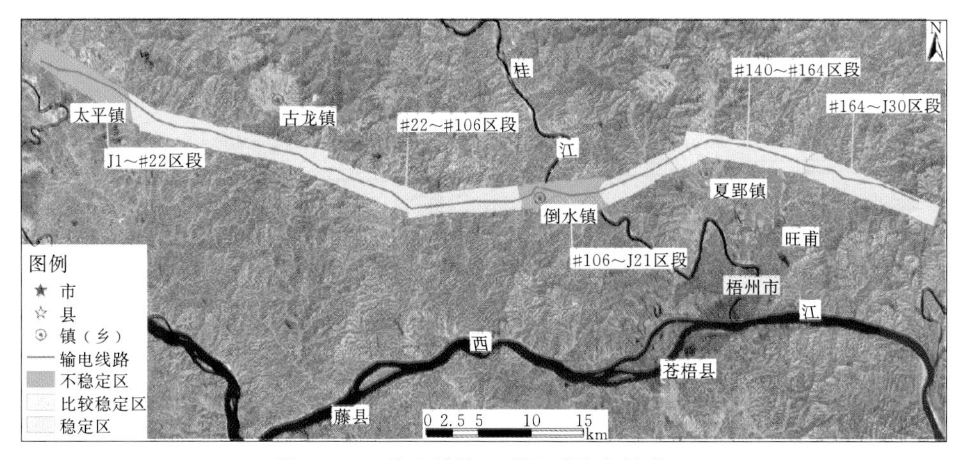


图4-24 输电线路工程地质稳定性分区

（3）三维场景下的输电线路自动设计。为使设计人员设计的线路路径能够直接应用于排位操作，需要将路径图转化为二维平断面图。已经绘制或解析好的路径图包含路径的全部空间位置、形状信息，如图4-25所示。在DEM高程数据的支撑下，只要沿路径进行切割，即可得到沿线的平断面图，如图4-26所示。因此，在三维GIS平台和CAD平台之间，加入线路路径—平断面图联动功能，既可节省设计时间，又可提高效率。

图4-25　线路路径

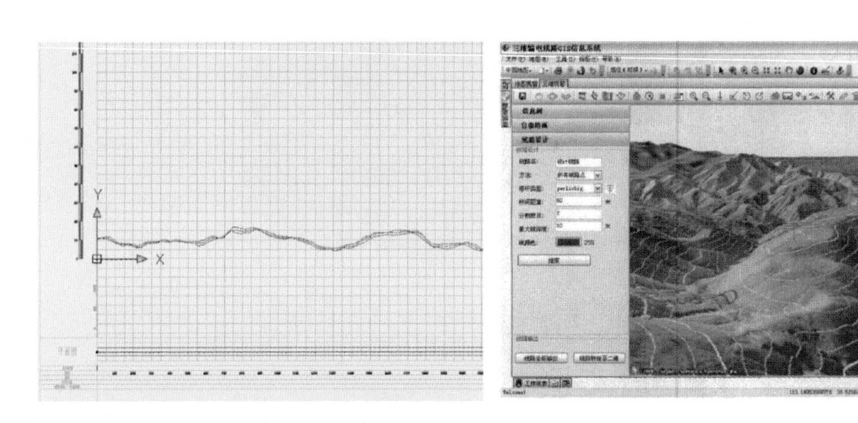

图4-26　沿线平断面图

在确定线路路径后，电气设计人员在线路路径上进行排塔。在以往的设计中，排塔通常在平断面图上完成，若能够将平断面图和三维线路路径图结合起来共同排位，可以使排塔工作更便捷直观，提高设计效率，真正实现路径设计成果与路径排位数据的无缝交互。设计人员可以在二维平断面图基础上进行排塔，或者在三维路径图基础上进行排塔，两个平台的立塔、删除、移动，升高等操作都能够同步联动，数据完全一致。效果如图4-27所示，左侧是二维平断面图排塔界面，右侧是三维路径图排塔界面，若在某一侧有所改动，则会在另一侧实时同步。

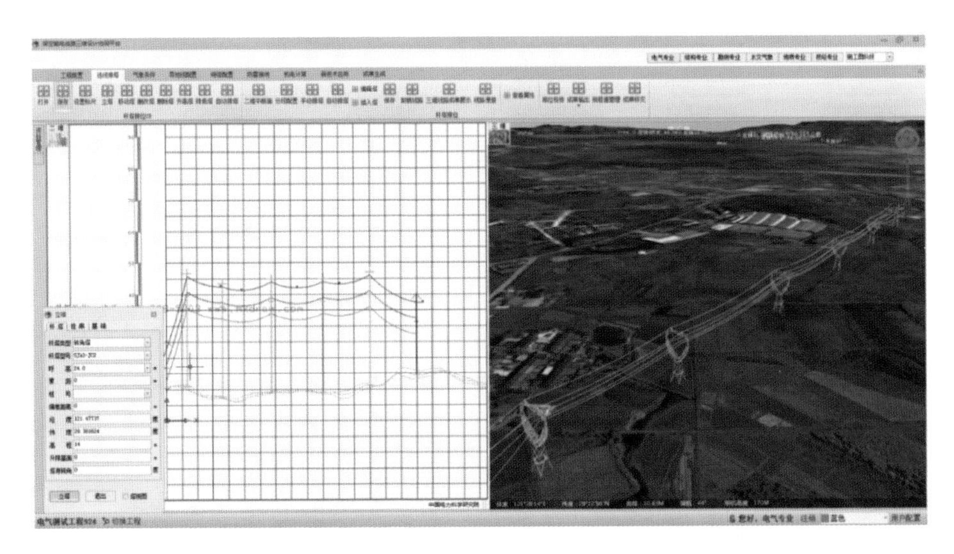

图 4-27　三维可视化立塔界面

## 4.5.2 卫星遥感技术在输电通道地质灾害监测及预警中的应用

**1. 业务需求及解决问题**

近年来世界正进入“极端天气频发期”和“地震活跃期”，强降雨、强震的出现会进一步加剧地质灾害，甘肃舟曲、四川汶川、绵竹、都江堰和云南贡山县都先后发生重大地质灾害，由地质灾害引发的电网事故频发。截至2015年年底，全国有地质灾害隐患点28万余处，共威胁约1891万人和4千多亿元财产的安全，受多方面因素的影响，未来一段时期内，地质灾害仍将呈高发频发态势，地质灾害防治工作面临的形势依然严峻。地质灾害的发生是多因素的复杂过程，它的形成原因不仅与地区的降雨有关，还与该地区的地形地貌、岩体结构、植被状况以及人类活动等诸多因素紧密相连，地质灾害监测预警一直是国际上倡导和推广的防灾减灾有效途径之一。《全国地质灾害防治“十三五”规划》中明确提出要通过对地质灾害的成因机理、风险区划和防控技术研究，到2020年建成系统完善的地质灾害调查评价、监测预警、综合治理、应急防治四大体系，全面提升基层地质灾害防御能力，基本消除特大型地质灾害隐患点的威胁。

输电线路覆盖范围广，输送距离长，沿途经过很多环境条件恶劣、地质地形复杂、气候多变地区，如我国长江流域、西南山区，常年雨水充沛，地质灾害种类较多、分布面积较大，山体滑坡、地面塌陷等地质灾害频发。同时受到线路周边各种施工、采掘活动的影响，极易引发杆塔和基础的变形破坏，严重威胁线路安全运行。随着全球能源互联网的发展，极端环境下大电网的安全稳定运行，对输电通道防灾减灾工作和监测预警技术手段提出了更高的要求，地质灾害防治形势更加严峻。

从我国输电线路建设和运行对沿线地质灾害监测预警的迫切需求出发，针对目前输电线地面监测技术无法实现广域高频次、局部重点区域高时空分辨率监测的困境，采用气象卫星、雷达遥感、北斗系统和云计算等技术手段，以输电线路及周边地质灾变体为对象，构建“空—天—地”联合监测预警体系，建立有效的地质灾害基础数据管理制度，高效管理海量数据，形成输电线路地质灾害评估预警信息发布和灾情上报机制，及时捕捉输电线路灾变体的形变信息，了解成灾演变过程，实现灾变体的毫米级监测，提高监测能力和效率，为输电线路地质灾害的准确预警、及时防治和灾后应急处置提供平台支撑，提升输电线路地质灾害预警和处置的可视化、自动化水平，对提高电网的安全稳定运行水平和推动全球能源互联网的发展与建设具有十分重要的意义。

**2. 示范区与数据选择**

针对电网造成严重威胁的崩塌、滑坡、泥石流等典型地质灾害，在全网范围内对 27 家省公司 500（330）kV 及以上电压等级重要输电通道，并对 500kV 盘龙一回长江大跨越段 200 号塔所在山体古滑坡进行边坡稳定性分析；成功地在冀北、浙江、湖北、湖南、四川、重庆、甘肃等 7 家省公司试点应用（图 4-28)。

图 4-28　监测区域分布

**3. 要成果展示**

中国电科院作为牵头单位完成了输电线路地质灾害监测预警平台开发，并在 7 个省（市）公司开展了试点应用；试点建设了北斗卫星地基增强网络，初步构建了输电线路地质灾害多源立体监测预警体系，开展了卫星遥感数据地面接收站建设和基于卫星遥感的地质灾害广域—局域—单体的不同时空维度的立体监测预警服务；开展了输电线路地质灾害防治工作总结推广，出版专著一部，发布标准两项，实现了遥感技术和北斗系统在输电线路地质灾害防治中的标准化应用。上述工作为后续深入开展和推广输电线路地质灾害监测预警和防治工作积累了丰富经验，切实增强了输电线路主动应对地质灾害的能力，为提升输电线路本质安全提供了支撑。主要工作详述如下：

（1）输电线路地质灾害监测评估预警系统建设。构建了地质灾害监测预警系统中心主站及子站整体框架，建立了数值天气预报中心数据库、地质灾害数据库、北斗卫星数据库等主要支撑数据库，满足信息安全接入相关要求，已在7个省（市）公司开展了试点应用，其中，主站实现数据信息管理、地质灾害监测预警及信息发布和展示等功能；子站除了接收主站监测预警信息，实现灾区上报、北斗本地解算等功能外，同时具备个性化的监测信息接入和展示功能，如采空区监测预警系统、洪涝灾害监测预警系统等。开展了输电线路地质灾害监测预警主站系统（图4-29）。

依托系统，于每年汛期前面向全网开展地质灾害汛期风险趋势预测和隐患点普查，在汛期开展重要输电通道地质灾害常态化预警工作，每天发布两次输电线路地质灾害广域风险信息，出具风险日报，密切关注重点杆塔风险动态。

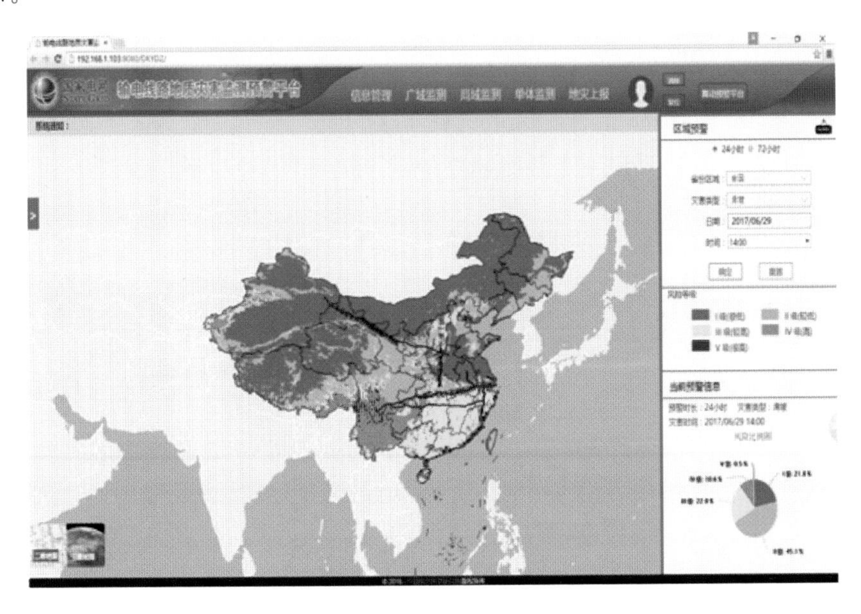

图4-29 系统主界面

（2）北斗卫星地面监测网试点建设。在7家省（市）公司开展了北斗卫星地面监测网的试点建设，具体情况见表4-5；依据地质灾害隐患普查情况，并结合 InSAR 技术的探测结果，制订了试点单位北斗卫星地面监测网络建设规划，统一设备入网标准，开展了北斗形变监测装置试验检测，建立了北斗差分数据解算和管理系统，负责各站数据的接收、管理和形变实时解算，开展了对地质灾变体形变的实时监测预警，目前已完成 138 个监测站和 41 个基准站的施工安装和数据接入，北斗监测站和基准站现场安装如图 4－30 所示。

表 4－5　　各单位监测站和基准站安装情况统计

| 单位 | 监测站 | | 基准站 | |
|---|---|---|---|---|
| | 计划 | 已安装 | 计划 | 已安装 |
| 冀北 | 20 | 19 | — | — |
| 浙江 | 27 | 27 | 13 | 13 |
| 湖北 | 12 | 11 | 8 | 8 |
| 湖南 | 30 | 30 | — | — |
| 四川 | 35 | 0 | 20 | 0 |
| 重庆 | 30 | 30 | 10 | 10 |
| 甘肃 | 20 | 20 | 10 | 10 |
| 合计 | 174 | 138 | 61 | 41 |

图 4－30　北斗监测站和基准站现场安装

(3) 区域地表形变监测的 InSAR 技术试点应用。在 7 家试点单位选取了 7 处存在较高风险的重点区域，见表 4-6，利用长时间序列雷达卫星数据，结合沿线的地质构造、地形地貌、气象水文，圈定滑坡隐患点，对重点形变区域的形变状况以及随时间变化的特点进行分析，得到区域内输电线路沿线各点地表形变信息，实现地质灾害高精度、大范围的风险探测，为北斗监测站的布点规划提供依据。

**表 4-6　　各区域地质灾害监测结果**

| 区域范围 | 数据 | 结果分析 |
| --- | --- | --- |
| 四川天东一线 102 号 | 9 | 目标塔位未发现明显形变。<br>阳秀山口北部发现明显形变，形变量 102mm；善玉马地区发现形变，形变量 36mm，均为矿山开采引发 |
| 四川锦苏线 550 号 | 9 | 目标塔位未发现明显形变。<br>共和村南部发现明显形变，形变量 32mm；马颈子地区发现明显形变，形变量 44mm |
| 重庆锦苏 1185-86-88 | 14 | 杆塔周边未发现明显滑坡。<br>重庆市土地关西南山体发现 31mm 的山体滑移。殷家沟西南发现 48mm 的山体滑移 |
| 重庆复奉 802 号 | 4 | 目标塔位未发现明显形变。<br>院子坝东部山体、竹林沟东北部山体和河东村东部山体发生大规模山体滑移，滑移量分别为 42mm、35mm、39mm |
| 重庆复奉 884 号 | 18 | 目标塔位未发现明显形变 |
| 重庆复奉 1314 号 | 16 | 目标塔位未发现明显形变 |
| 湖北盘龙一线 200 号 | 16 | 目标塔位未发现明显形变。<br>黄瓜岭西北方向、小花园北部地区和岔二河流域东部地区发现明显形变，其形变量分别为 42mm、36mm、43mm。在该输电通道附近发现了 5 处明显滑坡点，为营陀工厂附近（形变量 36mm）、巴东滑坡地的 U 形公路厂区（形变量 26mm）、营陀村附近（28mm）、李先生湾附近（31mm）、大脑壳包村附近（38mm） |

(4) 输电线路地质灾害分布图绘制。在查明各种致灾地质作用的性质、规模和承灾对象（架空输电线路）的基础上，从致灾体稳定性（发育程度）

和致灾体与承灾对象遭遇的概率上分析入手，针对崩塌、滑坡、泥石流等典型地质灾害，研究输电线路地质灾害危险性评估技术，制订了地质灾害分布图绘制技术要求和方法，完成了《输变电工程地质灾害区域分布图绘制技术导则》团标立项，并编制完成标准初稿，开展了试点省份的分布图绘制。

（5）高风险杆塔边坡稳定性评价。针对“三交四直”特高压线路及跨区线路通道的高风险线路段边坡，搜集地质勘察资料和地形数据，查明场地工程地质条件，利用极限平衡和强度折减等数值模拟方法对杆塔所处地质体的稳定性进行评估分析。目前对资料提交完整的15处杆塔边坡已完成了稳定性评估，7处边坡正在评估，2处边坡正在搜集资料，形成了边坡稳定性分析报告，录入系统提供下载，见表4－7。其中，各边坡在天然状况下均处于稳定状态，宾金线3282号和3315号杆塔、锦苏线531号杆塔、盘龙200号杆塔、峡葛三回13号和14号杆塔在暴雨工况下处于不稳定状态，需加强暴雨巡视监测。

**表4－7　杆塔边坡稳定性评估结果**

| 序号 | 线路名称 | 电压等级 | 杆塔号 | 分析结果 | 地区 |
|---|---|---|---|---|---|
| 1 | 宾金线 | ±800kV | 3109 | 稳定 | 浙江 |
| 2 | | | 3282 | 天然工况下稳定，暴雨工况下不稳定 | |
| 3 | | | 3315 | 天然工况下稳定，暴雨工况下不稳定 | |
| 4 | | | 216 | 天然工况下稳定，暴雨工况下基本稳定 | 四川 |
| 5 | | | 220 | 天然工况下稳定，暴雨工况下基本稳定 | |
| 6 | | | 224 | 稳定 | |
| 7 | 锦苏线 | ±800kV | 531 | 天然工况下基本稳定，暴雨工况下不稳定 | 四川 |
| 8 | | | 550 | 稳定 | |
| 9 | 盘龙一回 | 500kV | 199 | 稳定 | 湖北 |
| 10 | | | 200 | 天然工况下稳定，暴雨工况下不稳定 | |
| 11 | 峡葛三回 | 500kV | 11 | 稳定 | |
| 12 | | | 12 | 天然工况下稳定，暴雨工况下基本稳定 | |
| 13 | | | 13 | 天然工况下基本稳定，暴雨工况下不稳定 | |
| 14 | | | 14 | 天然工况下基本稳定，暴雨工况下不稳定 | |
| 15 | | | 15 | 稳定 | |

(6) 深化科技项目研发和成果应用。编制出版了《架空输电线路地质灾害防治工作手册》和相关标准。从架空输电线路的地质灾害特征、运维保障、地质灾害排查、地质灾害的风险评估和分布图绘制、应急处置、防治措施、典型案例等各方面，深入总结了我国输电线路地质灾害防治工作取得的成果。手册可为输电线路运行维护、检修和管理人员提供必要的地质灾害防治指导和技术支撑，如图 4-31 所示。

图 4-31 灾害防治管理体系建设

### 4.5.3 卫星遥感技术在输电通道环境监测及本体故障检测中的应用

**1. 业务需求及解决问题**

我国电网覆盖范围广，输送距离长，沿途经过的很多地区环境条件恶劣，易受到自然环境中强风、冰冻、雷击、沙土、洪水、暴晒、鸟兽等各种侵害。尤其是无人区线路，海拔高、地势险峻、交通条件差，人力难以到达；直升机、无人机、在线监测装置等监测范围小、危险性高、受环境约束强、可靠性差，飞行困难。目前缺乏无人区输电线路可靠巡检手段，应对安全风险的监测能力不足，影响电网的安全、稳定运行，给电网运检工作带来挑战。

与上述传统观测手段相比，卫星观测具有无可比拟的巨大优势，特别适用于藏中联网工程这类大范围配置、远距离输电、环境变化复杂的特高压电网形态。具体而言，首先，卫星遥感观测覆盖面广，可快速获取大范围数据资料；卫星遥感观测获取信息的速度快，更新周期短，具有动态及时的特点，是人工实地测量和航空摄影测量无法比拟的。其次，卫星遥感观测获取信息受条件限制少，在沙漠、高山峻岭、高海拔等自然条件极为恶劣、人类难以到达的地区也可及时获取数据。此外，卫星遥感观测获取的信息量大，可以根据任务不同，采用可见光、紫外线、红外线、微波等不同的波段和遥感仪器，全天时、全天候获取多维度海量信息。因此，充分利用多源高分辨率卫星遥感数据实现大区域电网和极端复杂无人区环境下的输电通道精细化、常态化巡检引起了越来越多的关注。

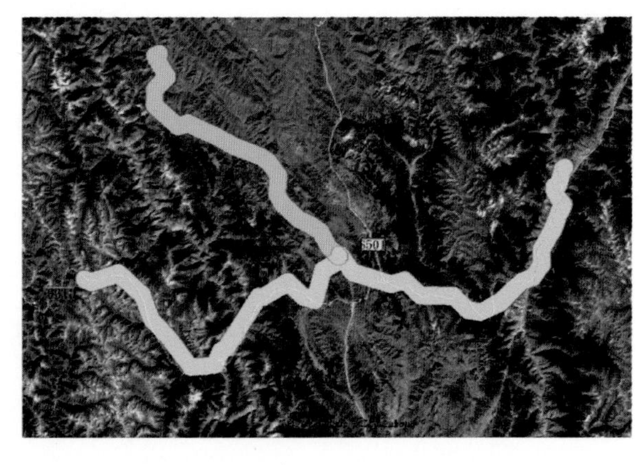

图4-32　藏中联网线路区段示例

**2. 示范区与数据选择**

（1）示范区选择。卫星遥感技术在输电通道监测及本体故障检测中的应用以藏中联网工程（图4-32）、新疆哈密天中线和浙江嘉湖密集通道为示范区展开。

（2）卫星数据选择。卫星数据使用列于表4-8中，其中北京系列卫星如图4-33所示。

**表4-8　　输电通道环境监测及本体故障检测部分卫星数据**

| 卫　　星 | 空间分辨率/m | 获取时间 |
| --- | --- | --- |
| 北京系列 | 0.8 | 2018年1月、2018年2月 |
| WorldView | 0.3 | 2018年2—3月 |
| 资源三号立体像对 | 2 | 2018年1月 |
| 高景系列 | 0.5 | 2018年1—3月 |

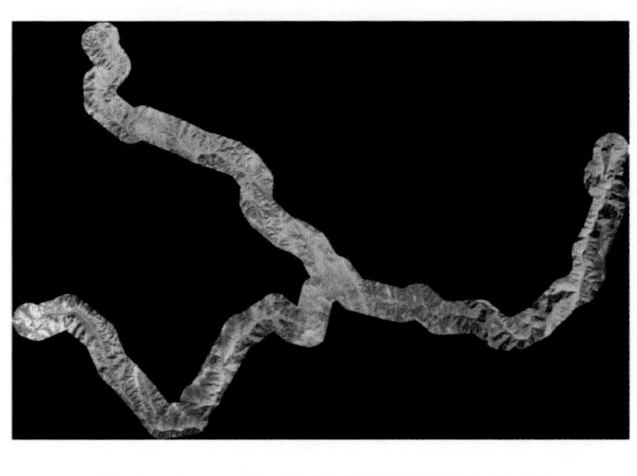

图4-33　北京系列卫星影像示例

**3. 架空线路三维可视化巡检成果展示**

高分辨率卫星影像纹理映射情况如图4-34所示。

巡视人员在电脑上首先基于二维的遥感影像对输电通道的本体关键要素进行提取，然后基于提取的信息映射到三维模型上，实现三维可视化精确巡检，如图4-35～图4-39所示。

（a）将高分辨率卫星遥感影像叠加至DEM

（b）将高分辨率卫星遥感影像纹理映射放大图

图 4-34 高分辨率卫星影像纹理映射图

图 4-35 基于多源卫星数据的输电线路巡视

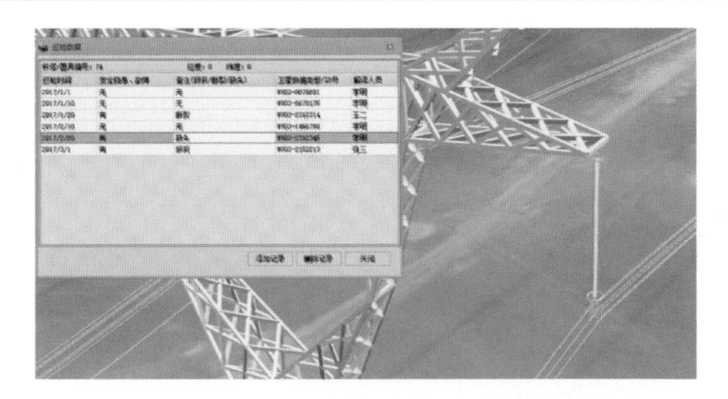

图4-36　绝缘子串存在缺失隐患时用黄色高亮表示

图4-37　绝缘子串存在断裂隐患时用红色高亮表示

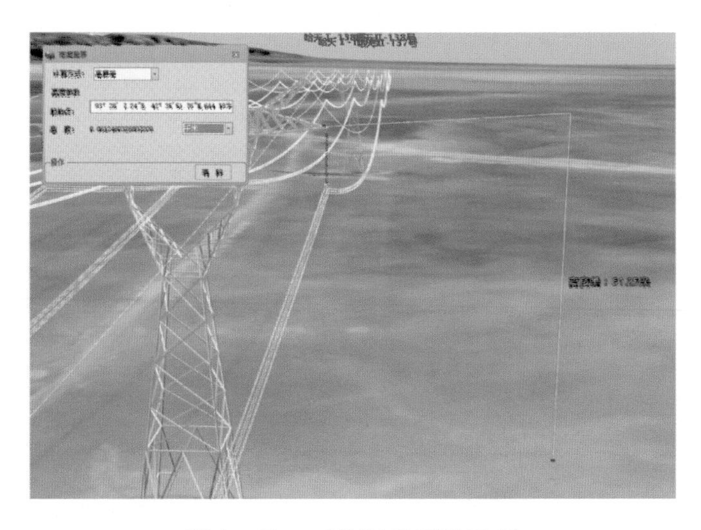

图4-38　三维距离测量示例

（a）某密集通道A区段环境地物监测三维可视化成果示例

（b）某密集通道B区段环境地物监测三维可视化成果示例

图 4-39 基于多源卫星数据的输电线路环境地物监测三维可视化巡视

## 4.5.4 卫星遥感技术在电力走廊精细化运维管理中的应用

### 1. 业务需求及解决问题

国内电力系统中输电线路多采用大跨度的电力输送，其覆盖面广、线路长，并且沿途多为高山、林区或者农村居民区，地形复杂多变；由于自然灾害、外力破坏、人工作业、地质或地貌改变、植物生长、土地使用等多种因素影响，加上常用巡线方式的局限性，使得电力走廊的管理难度加大。常见的巡线方式有 3 种，即人工巡线、有人直升机巡线、无人机巡线。这 3 种巡线方式都存在一定的局限性，人工巡线方式速度慢、效率低、有人员安全隐患；有人直升机巡线方式危险系数高、成本高；无人机巡线方式的覆盖面小，受电池和气候的影响较大。

随着高分辨率卫星遥感技术的发展及应用，卫星影像的现势性强、获取周期短、资源更新快，同时宏观性强、覆盖面积大，具有丰富的自然地理信息。而且随着信息化的发展，数据要求越来越高，精细化的分工、快速响应的复电要求都为卫星遥感技术提供了大量可以运行和实施的环境。

将卫星遥感影像合理、有效地应用于输电线路电力走廊巡线工作中，可以为电力走廊运维管理提供一种全新的路径。通过高分辨率卫星影像，分析电力走廊管理中影响线路正常运行的隐患和事故产生的因素，识别线路和受灾因子的数据，最后总结出新技术时代下电力走廊空间信息图形化、可视化、精细化运维的技术手段和管理模式，提升电网运维的精细化、智能化水平。

**2. 示范区与数据选择**

以某供电局信息化项目“基于卫星遥感的电力走廊精细化管理系统”为例，在此项目中，用户可根据日常运维情况，自定义输电电力走廊范围，本书以某500kV线路（N1～N5）为示范区展开，如图4-40所示。

**3. 主要成果展示**

（1）电力走廊空间要素分析。采用高分辨率卫星影像作为基础数据源，结合数字高程模型（DEM）和多种专题数据，对电力走廊重点关注的各类地形地貌，如房屋、植被、农田、河流等进行全数字化表达，分辨出独立房屋，有效判断出植被、耕地，清晰分辨出水系、道路。

图4-40 500kV线路（N1～N5）示例

采用传统基于像素的方法处理这类影像时，会因为粒度过小、过多地关注地物的局部细节而难以提取地物的整体信息。OBIA不仅可以有效克服传统基于像素方法中的“椒盐”噪声，且能有效提高分类的精度。基于卫星遥感的电力走廊精细化管理系统采用OBIA对QuickBird高分辨率遥感影像进行走廊信息提取与分类。例如，建筑物的高度：在建筑物及建筑物阴影与实际高度的几何关系的基础上，采用高度纹理法和三角截面阴影法量算城市建筑物高度的原理和方法，如图4-41所示。分辨率越高，识别率越高，误差越小。

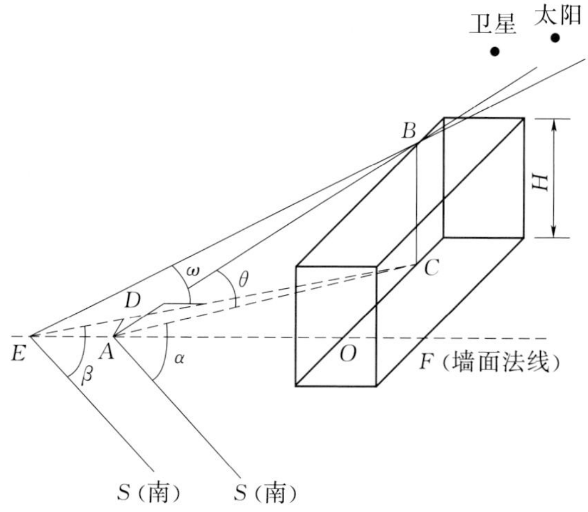


图 4-41 通过卫星遥感数据计算建筑物高度

(2) 建立电力走廊受影响因素数据模型。对各类外力破坏隐患信息（市政开挖、吊车施工、机械作业、汽车撞击、钻探施工、人为偷盗、高杆植物、漂浮物、山火隐患、鸟害、大气污染、滑坡等）进行采集和上传，形成电力走廊隐患分布专题图，如图 4-42 所示。这些重点关注对象同时也是电力走廊管理中影响线路正常运行的隐患和事故产生的因素，根据获得的数据建立电力走廊受影响因素数据模型，如图 4-43 所示。

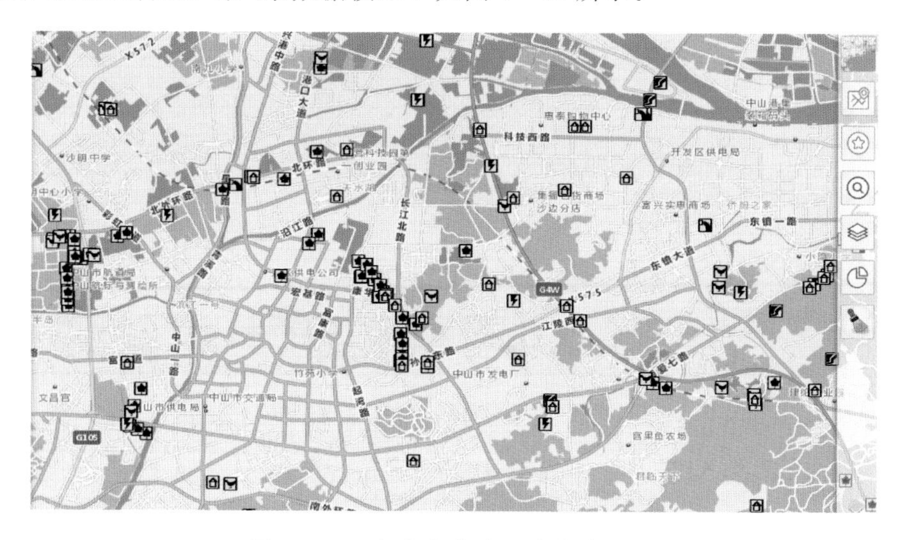

图 4-42 电力走廊隐患分布专题图

图 4 - 43　电力走廊受影响因素数据模型

(3) 基于时空决策模型制订运维策略。根据电力走廊受影响因素数据模型，对电力走廊环境、状态的监控，及周边环境的巡视记录，如园林区、易撞击区、易建房区、易冲刷区、污染源、漂浮物、鸟害、雷击频繁区、开挖区、工业园区、吊车施工、盗窃频繁区及其他，根据不同受灾因素的不同影响程度，确定每一项致灾因子的权重值，对输电线路电力走廊进行分析评估，制订线路运维策略，提供预警信息分类、分级管理，对有缺陷设备或隐患进行预警预告，并按等级进行登记备案，如图 4 - 44 所示。

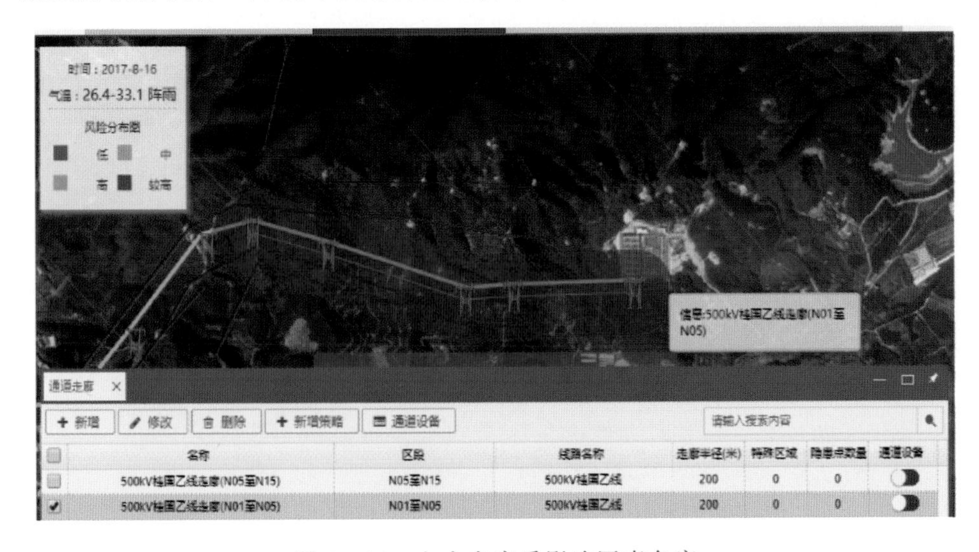


图 4 - 44　电力走廊受影响因素备案

本书以电网GIS平台为依托、卫星遥感数据及技术为支撑，以电力走廊精细化管控为目标，对电力廊道内与运维检修相关的环境因子进行分类、采集、建模，综合考虑本体设备基建参数、历史运行参数、巡视缺陷、外力破坏、家族缺陷、雷电定位、气象预报等数据，采用层次分析法对上述因子进行权重赋值，建立电力走廊差异化运维策略时空决策模型，实现对电力走廊的精细化管控，风险等级评定结果如图4-45所示。

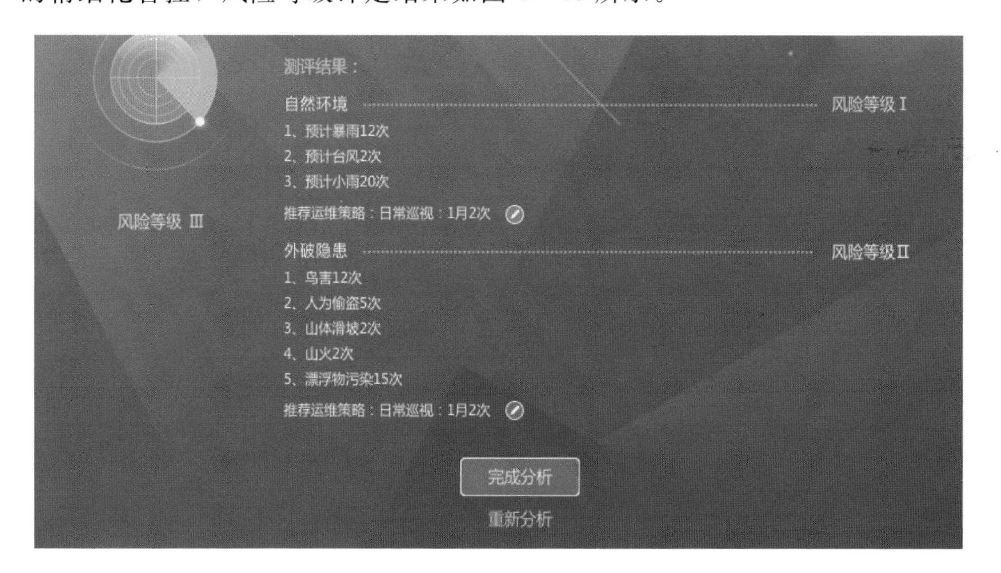


图4-45 电力走廊运维风险等级评定

# 第5章

# 总结及展望

输电线路量测技术不仅是一项单一的测绘技术，更是一项结合电力行业规划、基建、运检、调度、运监全业务要求的综合型作业工作，是电网各类业务开展的应用基础。

从技术细分角度来看，当前输电线路量测技术主要聚焦在3个技术领域，即激光雷达测绘技术领域、倾斜摄影测绘技术领域、卫星遥感测绘技术领域，这三类新兴测绘手段都分为“数据采集”“数据加工”“数据应用”等几个作业环节。在“数据采集”环节，作业结果与采集传感器载体、采集传感设备、采集作业环境有直接关系，测绘结果将受飞行器载重量、巡航速度、巡航时间、巡航高度等条件影响，选择适应其重量、尺寸、采集密度、采集距离的光学设备，对应的“数据采集”作业需求，将直接影响对遥感载体（卫星、有人机、无人机、地基架、轨道车、飞艇、扫描车、旋翼机、固定翼机、背包等）、遥感设备（脉冲激光雷达、连续波激光雷达、合成孔径雷达、光学成像遥感传感器、辐射计微波遥感传感器、散射计微波遥感传感器）的型号选择。在“数据加工”环节，主要针对微波遥感和可见光遥感采集结果进行二次加工，针对采集数据进行空间矢量处理，通过空间点位的记录（激光点云、SAR微波成像等）和空间点位的计算（倾斜摄影计算、航片卫片空间计算等），实现对量测结果的平面化标注和立体化建模，最终实现被测实物的二维平面和三维空间地理位置信息。在“数据应用”环节，测绘结果将对接现有电网应用实例，其中涉及大面积空间位置信息的应用将使用高性能二维、三维GIS引擎，涉及大数据对接并实现物联网关联的仿真、展示、模拟应用将采用高性能近景三维引擎，涉及小场景模拟拼装和教学的应用将使用轻量级三维仿真引擎。

从业务需求角度来看，对输电线路量测技术的要求主要集中在电网规划、基建、运检、调度、运监等领域。在电网规划领域，在完成输电线路三维量测后，基于量测结果，实现电网规划、基建、运行、检修、营销等全业务数据叠加，可支撑电网多源数据融合可视化规划业务。在电网基建领域，在基建项目前期，可进行电力设施改扩建测绘工作；基建设计阶段，可实现基于三维可视化的BIM预制式设计；在基建验收阶段，可推动新一代数字化监理工作，实现对基建结果的逆向测绘建模，自动判断基建结果和原设计的建设偏差，实现基于施工偏差的实景移交。在电网运检领域，基于输电线路三维测绘结果，实现对电网设施的快速自动化建模，完成基于实景的电网数据（静态台账数据、动态业务数据、实时传感数据、区域数值数据、空间交跨数据、地下管网数据、检修业务数据、状态评价数据等）的精准展示，构筑实时联动的物联网感知平台，实现培训管理和检修辅助。在电网调度领域，将电网实景测绘数据模型与统一视频监控平台融合应用，实现基于空间信息的统一视频监控应用，在快速检索视频监控内容的同时，通过实景三维空间索引，快速调用电网三维大数据，并可通过实景仿真操作，对真实调度作业事件进行模拟实操。在电网运营监控领域，通过构筑基于输电线路三维量测实景的全业务大数据展示互动载体，通过推升数据载体的展示维度，替代原有以二维为载体的传统数据展示方式（柱状图、饼状图、折线图等），支撑基于三维大数据分析的“全球能源互联网一体化研究平台”建设，支撑城市能源变革中的“城市综合能源监控展示服务平台”建设。

从电力应用角度来看，当前输电线路量测技术的应用点主要还是以项目的形态存在于各类电力业务需求主体中，其演进方式将随技术的进步和业务的发展逐步展开。表5-1列举部分在输电线路量测技术推动下的新兴电网储备试点项目。

综上所述，三维量测技术已逐步应用于输电线路应用领域的全生命周期，今后发展方向应是充分发挥激光雷达、摄影测量和卫星遥感技术在不同阶段应用的优、缺点，将各阶段数据进行有效融合，实现输电线路设计、勘测、施工、运维无缝对接，推动智能电网的建设。

表 5-1　输电线路量测技术推动下新兴电网储备试点项目

| 序号 | 应用机构 | 项目名称 | 业务需求 | 建设成果 | 主要功能点 |
|---|---|---|---|---|---|
| 1 | 电网研机构等 | 全球能源互联统一展示平台 | 需要接入全球及中国各类能源、经济、资源、业务分部及发展数据，使之成为全球能源研究统一平台，把全球主要国家与地区的经济预测、能源电力发展、全球能源互联网研究以及我国能源电力发展、能源电力体制机制、公司战略与运营管理分析等功能纳入统一平台进行统筹研究，解决全球和中国的能源电力发展面临的新问题和挑战 | 构筑满足全球能源互联网研究的跨专业专题展示需求，搭建具备全球地理地貌实景的三维可视化信息服务决策管理平台，实现国内外的能源、电力、经济、环境等 4E 数据和信息的接入，依托地形、影像数据建立的真三维场景，使用者可以更直观、多角度地观察模拟现场环境，使得人们的思维更加直接，更容易参与到各种决策中 | 应用功能围绕全球能源互联网研究内容展开，蓝图主要包括三维地图服务、能源资源数据叠加展示查询、联网项目管理查询、全球 GDP 数据展示查询四大应用方向，实现对业务强有力的支撑。<br>（1）能源资源展示、统计及分析功能。包括基于量测三维实景的太阳能辐射数据叠加、查询和比对；风能数据的加载、仿真和推演；传统资源储量的检索和分析<br>（2）辅助规划设计功能。包括电网选址设计功能、风电基地规划选址、太阳能基地规划选址等，引入 CAE 物理仿真概念，在数据资源三维叠加基础上开展各类规划仿真辅助决策<br>（3）大型工程计划检索跟踪功能。基于实景复制三维模型，接入各类工程规划、设计、基建数据，实现基于三维实景的工程进度和质量评估决策<br>（4）能源发展态势辅助分析决策。在三维实景展示平台上，通过接入全球经济、政治、资源发展态势数据，大到全球 GDP 分部，小到区域风电场、重要能耗区域、石油输送渠道，实现从宏观到微观的穿透式辅助分析决策 |

续表

| 序号 | 应用机构 | 项目名称 | 业务需求 | 建设成果 | 主要功能点 |
| --- | --- | --- | --- | --- | --- |
| 2 | 电网规划部门 | 电网规划可视化大数据辅助决策平台 | 在当前信息通信支撑电网规划应用过程中，为支撑“规划中心、评审中心、储备中心、技经中心”等各业务的发展，需要整合电网已有全业务数据资源，以三维地理信息为基础，拓展电网大数据三维展示方式，优化电网规划业务流程，通过三维实景进一步提升大数据展示维度，降低规划人员对于数据资源的掌控难度，提升电网规划工作的效率、质量及管理水平 | 构建直观可视的电网设计规划应用平台。利用城市及电力设施三维实景复制数据，快速构建与实体电网相呼应的电网规划设计应用平台，结合地上、地下信息，真实还原变电站、输电通道、配电网、地下管网等电网运行地理信息、气象信息和城市环境。<br>构建基于全业务大数据应用的电网设计规划应用平台。全面整合发展、营销、配网、电力调度、运维、建设数据等内部数据及城市规划、地下管网、市政、国土等外部数据，利用大数据分析技术，在应用平台实现多源数据（静态数据、动态数据、业务流程数据、物联网实时数据、非结构化图纸数据、视频监控数据等）的综合分析和展示。<br>构建可指导业务的综合设计规划辅助决策应用平台。以电网规划设计业务需求为导向，全面建成电网规划设计工作平台，综合应用三维精准建模和大数据技术，实现指导电网规划设计的最终目标 | 实现各类电网业务数据的接入、展示和分析功能，基于三维测绘实景，实现信息数据的多元化融合（设备数据、状态监测数据、运行检修数据、资产评估数据、设计图纸数据、实时视频数据等）、业务能力的三维可视化（城市经济、能源储备、电力负荷、辅助能力资源、主网信息、运行信息、配电网环境、应急智慧等）、地下管网建设可视化（三维展示、空间量算、管线分析、管网分析等）、大数据专题应用分析（能源供需平衡分析、电力需求形式分析、电网规划布局分析、电网敏感因素专题分析、电网架构合理性专题分析、电能质量分析、通道环境分析、配电网诊断分析等）、辅助规划设计（辅助规划、辅助评审、项目储备、辅助设计等）。按功能类型可分为如下类型：<br>（1）三维平台基本功能。三维平台基本功能包括场景浏览、查询定位、三维空间分析、二三维联动等<br>（2）专题分析。主要包括负荷预测、装备水平分析、电网结构分析、供电能力分析、潮流计算等<br>（3）辅助规划。主要包括问题库管理、规划方案比选分析、规划报告生成、规划成效分析和规划投资匡算等<br>（4）辅助评审。包括设计方案数字化录入、设计方案分析、评审过程管理、评审资料管理、智能选址/线及案例模拟等 |

续表

| 序号 | 应用机构 | 项目名称 | 业务需求 | 建设成果 | 主要功能点 |
|---|---|---|---|---|---|
| 3 | 电网运检部门 | 智能电网运行监测辅助决策平台 | 在智能电网建设背景下，数据可视化、一体化、智能化、辅助分析能力、辅助决策能力代表了新型管理系统的重要特征和发展方向，同时也面临着许多困难和挑战：不同人员的管理及分析手段主要依赖于自身经验判断，导致产生不同的结果，造成管理分析工作的效率降低；查询和管理数据来源于多个管理平台，导致现有的管理工作存在操作复杂，管理、维护、升级以及培训难度大的问题，给业务的辅助决策管理带来了困难和发展瓶颈；在电力行业内的虚拟现实技术应用中，现有的三维模型往往是通过手工建模，其生成的虚拟场景与真实场景存在一定误差，对实际的管理工作缺乏实际的指导意义 | 构建基于精准数字模型智能电网辅助决策平台，实现智能电网三维可视化，增强电网虚拟现实场景的真实性。在智能电网辅助决策平台中，构建海量多源多维数据驱动，实现多源数据的有效整合，提高业务数据的综合分析管理能力。采集多样化数据，实现设备检修分析以及检修策略库的制订，有效辅助电网运检工作，提升电网运行稳定性 | （1）变电站数字模型建设。利用先进的三维激光建模技术对电力设备及设备部件建立精准的三维模型。对变电站内地理信息进行数字化建模，主要针对地形、地貌以及站内电缆沟等，以变电站为中心，进行数字化建模，实现虚拟现实场景的构建<br>（2）变电站虚拟现实全景动态仿真。在三维数字模型场景中，展示设备及周边地形环境。应用平台具备三维数字模型场景浏览及相关操作功能，包括三维浏览基础操作、鹰眼图、粒子特效展示和设备导航功能等。基于变电站设备的精准数字模型，实现设备内或设备间任意两点的测地线距离测量与计算<br>（3）变电站数字化展示分析。基于精准数字模型，对设备的相关属性及状态信息进行接入，辅助完成设备的属性及状态管理工作。提供设备状态数据的查询及管理功能，可在三维场景中实现视频监控平台的接入和实时调用，辅助完成变电站设备的日常管理及监测<br>（4）一体化管理指挥应用决策分析。通过对设备缺陷、故障信息以及设备履历信息的整理，进而对缺陷、故障信息做出统计及分析，并以专题图的形式展现。结合设备的缺陷或故障描述，给出有效的分析结果及检修策略建议，同时系统会自动告警提示超期未处理的问题，辅助完成设备的检修决策工作 |

续表

| 序号 | 应用机构 | 项目名称 | 业务需求 | 建设成果 | 主要功能点 |
| --- | --- | --- | --- | --- | --- |
| 4 | 电网基建部、输变电工程公司、电力设计公司 | 输变电工程选址/线三维可视化设计 | 现有电网规划大多数是基于数学优化方法，重点考虑电力系统技术要求、工程投资、运行费用等可量化指标，较少考虑站址的地理位置、地质地貌、周边环境等对于输变电工程更为重要的因素，其优化结果难以在实际工程中直接应用。研究一种更科学、更实用、更全面地考虑影响因素的输变电工程选址/线方法具有很大的现实意义 | 建立标准化无人机搭载激光雷达获取精准三维地形数据的方法，实现应用于电力行业的地形复杂输变电工程数据采集。支持高精度的三维地理数据的架空送电线路优化选线平台，在三维可视化平台中展现真实地形数据及输电工程，实现三维选址/线。可导入整条线路走廊的地理数据，在二维、三维场景中进行输电线路的路径优化设计，在设计过程中系统能实时显示诸如转角度数、线路长度、边距等情况，极大地提高工作效率。为大区域、网络整体规划设计选址/线建立综合平台 | （1）多源数据三维量测及融合。机载激光雷达系统采集的数据包括三维激光点云和数码影像经过影像正射纠正、点云滤波的处理，可得到正射影像、数字地面模型和分类后的点云（可分类得到建筑物、植被等类别），数字地面模型还可生成等高线。通过算法实现海量激光雷达数据、倾斜摄影模型、数字地面模型、正射影像和矢量数据的融合迭加。从而实现复杂地形大区域的无缝漫游、无级缩放，做到真正的“左顾右盼”“粗细兼顾”，从而大大地提高选址/线精度和效率<br>（2）选址综合分析。根据电力系统设计的网络结构、负荷分布、城建规划、土地征用、出线走廊、交通运输、水文地质、环境影响、地震烈度和职工生活方便等因素综合考虑。将选址因子在三维空间中构建数学模型，通过全面的技术比较和经济效益分析，选择最佳方案 |

续表

| 序号 | 应用机构 | 项目名称 | 业务需求 | 建设成果 | 主要功能点 |
|---|---|---|---|---|---|
| 4 | 电网基建部、输变电工程公司、电力设计公司 | 输变电工程选址/线三维可视化设计 | 现有电网规划大多数是基于数学优化方法，重点考虑电力系统技术要求、工程投资、运行费用等可量化指标，较少考虑站址的地理位置、地质地貌、周边环境等对于输变电工程更为重要的因素，其优化结果难以在实际工程中直接应用。研究一种更科学、更实用、更全面地考虑影响因素的输变电工程选址/线方法具有很大的现实意义 | 建立标准化无人机搭载激光雷达获取精准三维地形数据的方法，实现应用于电力行业的地形复杂输变电工程数据采集。支持高精度的三维地理数据的架空送电线路优化选线平台，在三维可视化平台中展现真实地形数据及输电工程，实现三维选址/线。可导入整条线路走廊的地理数据，在二维、三维场景中进行输电线路的路径优化设计，在设计过程中系统能实时显示诸如转角度数、线路长度、边距等情况，极大地提高工作效率。为大区域、网络整体规划设计选址/线建立综合平台 | （3）选线流程优化。选线过程中，能够实时显示角点号、累距、转角度等。能延长已有线路，打断现有线路，连接两条现有线路，添加、删除、修改角点。可随时对选线成果进行三维漫游展示，让选线人员和客户清楚、全盘地了解线路周围情况，查询关注的信息，在设计过程中可以进行二三维交互式的选线设计操作，能够更好地了解线路角点选择的地形、坡度、周边路况等，并可进行角点的重新移动调整，达到优化设计的效果<br>（4）杆塔智能排列与分析。设计人员可以随时查看和比较线路的平断面，进行杆塔预排位等，同时平断面数据能够输出成其他排杆软件所需的格式，预排杆塔时能实时计算对地距离、档距、水平档距、垂直档距交叉跨越间距及各种电气校验。通过丰富快捷的量测工具，长度、角度、坡度、面积，某点到线路的垂直距离等，可对线路周边地物的情况了如指掌 |

续表

| 序号 | 应用机构 | 项目名称 | 业务需求 | 建设成果 | 主要功能点 |
|---|---|---|---|---|---|
| 5 | 电网运检部门 | 基于激光雷达数据的输变电智能巡检与分析 | 输电线路的巡视一般采用人工巡视方式，但效率相对较低，周期较长，且需要配备大量光学设备和素质高、经验丰富的巡线人员，对人力、财力的要求较高。当杆塔较高、周围地理环境复杂时，人工巡线任务更为艰巨，易遗漏故障，造成巡线不彻底，且还存在一定的人身安全隐患，这使得人工巡线方式逐渐难以完全满足高压电网的运行维护要求。通过将基于激光精准建模的虚拟现实技术应用到输电线路的巡视中，可实现对输电线的三维场景重现，并基于此虚拟现实场景，全面、直观、精确地展示电力业务信息，进而达到输电线路的三维化模拟。实现设备实时监测模拟、设备分析模拟、设备检修模拟等主题，达到快速精准实现工业级设计、校准，全面提升输电线的业务需求 | 通过无人机搭载激光雷达系统或倾斜摄影技术进行巡线采集，获取电力沿线的激光点云和电力走廊高清影像数据，实现电力线路的真实三维实景复制，最大程度做到地形、树高、杆塔模型、电线弧垂及交叉跨越的三维数字化再现，为巡检提供真实、可靠、直观的数据基础。将激光点进行分类，主要是将地面、树木、房屋、交叉跨域等进行分类，有效检测线路走廊危险物。在巡检线路时，检查导线到线路走廊各种地物的距离，确保两者之间的距离符合安全距离。检测线路走廊地形地貌的变化三维激光雷达技术具备着高分辨率影像以及激光点云，线路走廊地形在出现变化后，利用三维激光雷达技术可以准确、直观地将地形地貌的变化显示出来 | （1）三维数据预处理及建模。通过无人机机载三维激光扫描及倾斜摄影技术，快速、准确地获取电力线走廊的线路、杆塔、建筑物、植被等地表各类地理信息，获取高精度地表激光点云三维数据。通过对点云数据及周边地形影像数据结合，实现电力线走廊三维重建。分类后的激光点云数据，可以快速、准确地生成线路走廊三维信息，如地形、地貌、地表各类物体、导地线、杆塔等，既能保证数据的精确性，又能大大减少日常运维的工作量。基于激光扫描三维成像技术得到的三维场景，将线路走廊三维空间真实展示在计算机上，既可全局掌控又可以在局部重点查看<br>（2）重点区域智能检测。利用基于三维图像的数据分析算法，可快速通过激光点云数据测量计算出线路在各种不同气象条件下的线路弧垂变化。将导线、建筑物、植被等激光点云三维模型与预先设置的最小安全距离进行比较，可用于分析线路走廊内导线与植被、建筑物、交叉跨越等净空距离，进而确定线路运行状态是否安全，并对超过预定安全距离的危险点提示，标记输出不符合安全距离要求的点云，最大限度地发挥电力系统的输电能力 |

续表

| 序号 | 应用机构 | 项目名称 | 业务需求 | 建设成果 | 主要功能点 |
| --- | --- | --- | --- | --- | --- |
| 5 | 电网运检部门 | 基于激光雷达数据的输变电智能巡检与分析 | 输电线路的巡视一般采用人工巡视方式，但效率相对较低，周期较长，且需要配备大量光学设备和素质高、经验丰富的巡线人员，对人力、财力的要求较高。当杆塔较高、周围地理环境复杂时，人工巡线任务更为艰巨，易遗漏故障，造成巡线不彻底，且还存在一定的人身安全隐患，这使得人工巡线方式逐渐难以完全满足高压电网的运行维护要求。通过将基于激光精准建模的虚拟现实技术应用到输电线路的巡视中，可实现对输电线的三维场景重现，并基于此虚拟现实场景，全面、直观、精确地展示电力业务信息，进而达到输电线路的三维化模拟。实现设备实时监测模拟、设备分析模拟、设备检修模拟等主题，达到快速精准实现工业级设计、校准，全面提升输电线的业务需求 | 通过无人机搭载激光雷达系统或倾斜摄影技术进行巡线采集，获取电力沿线的激光点云和电力走廊高清影像数据，实现电力线路的真实三维实景复制，最大程度做到地形、树高、杆塔模型、电线弧垂及交叉跨越的三维数字化再现，为巡检提供真实、可靠、直观的数据基础。将激光点进行分类，主要是将地面、树木、房屋、交叉跨域等进行分类，有效检测线路走廊危险物。在巡检线路时，检查导线到线路走廊各种地物的距离，确保两者之间的距离符合安全距离。检测线路走廊地形地貌的变化三维激光雷达技术具备着高分辨率影像以及激光点云，线路走廊地形在出现变化后，利用三维激光雷达技术可以准确、直观地将地形地貌的变化显示出来 | （3）线路走廊三维量测。基于三维数据可以进行线路走廊内导线相间距离、净空距离、弧垂等任意空间位置的距离以及表面积、投影面积量测，为线路运行维护、大修技改和基建施工提供重要数据，辅助运行维护人员决策<br>（4）输电线路通道三维可视化分析。基于激光点云数据，进行输电导线之间、导线与地面、山坡、建筑物、树木、弱电线路交叉、交通设施等其他线路和管道间距的自动量测，直观显示线路走廊路径和跨越物、危险点、最大工况隐患点，形成线路通道安全距离检测报告 |

续表

| 序号 | 应用机构 | 项目名称 | 业务需求 | 建设成果 | 主要功能点 |
|---|---|---|---|---|---|
| 6 | 电网基建部门、输变电工程公司、电力设计公司 | 变电站改扩建可视化设计 | 随着我国经济的持续高速发展，对电网的建设速度及技术水平提出了更高的要求。为适应电量的迅猛增长、电力负荷不断增加的发展趋势，同时改善设备、线路陈旧老化的现状，变电站改扩建工作已经成为电网建设领域中常规业务之一。国内变电工程普遍采用传统二维CAD设计方式，平面设计中的二维CAD设计软件在图形绘制方面具有较强功能，但传统二维设计方式存在着一些无法弥补的缺陷。首先，在复杂工程中，二维图纸采用三视图难以描绘出复杂空间内的三维实体情况。由于二维图纸直观性较差，只能依靠工程师的空间想象力和制图技能完成空间设计，往往造成最终施工效果与设计者的初衷有一定差距。由于二维设计图纸的视图限制带来的设计误差，浪费了人力和物力 | （1）实现快速实景建模。通过三维激光实景自动化建模技术，对改扩建变电站实现快速自动化的建模操作，将原有变电站模型绘制工作从6～8个月缩短至两周。实现对变电站原有设备的建模和三维实景展示，帮助设计人员快速了解原有电气台账及运行信息（数据取自生产管理信息系统）<br>（2）实现可预制式三维设计互动。通过三维激光实景自动化建模技术构筑的精准模型库，在变电站改扩建设计过程中，实现基于变电站原址的模型快速搭建，实现“积木堆积”式实景操作设计，降低设计人员软件操作难度和时间，快速、灵活配置变电站改扩建设计方案<br>（3）实现与行业变电站传统三维设计软件的互融互通。通过三维激光自动化建模技术构筑的轻巧互动设计平台，可导出三维设计常用格式（CAD、3DMAX通用格式），成为常用电力设计软件的输入，实现设计软件之间的完美融合，降低常用设计软件的设计准备工作 | （1）设备模型精准建模与模型管理。使用先进的三维自动化建模技术对变电站场景、电力设备及部件进行快速、精确建模，实现对变电站现场真实环境的还原。依据设备设计要求对设备模型进行单体化拆分，组成独立的模型，同时建立电力设备及部件模型数据库，实现设计建模过程的标准化，提高模型复用效率，减少后期工作量<br>（2）三维可视化制图。提供视图在线编辑器工具，含有丰富的变电站设备三维精准模型库以及绘图工具箱。可以快速、自由地根据模型库、图标、配置数据、标签数据等对象绘制场景视图。通过强大的数据驱动生成变电站场景能力，根据模型库调用和配置，实现快速可配置的自动生成场景视图。提供三维场景量测，面积测算、碰撞检测等常规设计工具，通过图层显隐、透明化效果等设计视图展现形式，进行丰富的场景设计。便于设计视图拓扑关系根据数据变化时时更新，及时提供最新变电站设计图。通过视图快照，能够记录架构图的每次变动，通过数据对比，能够记录架构图的数据差异。支持按关键字搜索、按分类搜索、按自定义标签搜索以及组合搜索，并且能一站式呈现搜索结果（如配置信息、扩展信息、所在的视图信息、所在的场景信息） |

续表

| 序号 | 应用机构 | 项目名称 | 业务需求 | 建设成果 | 主要功能点 |
| --- | --- | --- | --- | --- | --- |
| 6 | 电网基建部门、输变电工程公司、电力设计公司 | 变电站改扩建可视化设计 | 随着我国经济的持续高速发展，对电网的建设速度及技术水平提出了更高的要求。为适应电量的迅猛增长、电力负荷不断增加的发展趋势，同时改善设备、线路陈旧老化的现状，变电站改扩建工作已经成为电网建设领域中常规业务之一。国内变电工程普遍采用传统二维 CAD 设计方式，平面设计中的二维 CAD 设计软件在图形绘制方面具有较强功能，但传统二维设计方式存在着一些无法弥补的缺陷。首先，在复杂工程中，二维图纸采用三视图难以描绘出复杂空间内的三维实体情况。由于二维图纸直观性较差，只能依靠工程师的空间想象力和制图技能完成空间设计，往往造成最终施工效果与设计者的初衷有一定差距。由于二维设计图纸的视图限制带来的设计误差，浪费了人力和物力 | （1）实现快速实景建模。通过三维激光实景自动化建模技术，对改扩建变电站实现快速自动化的建模操作，将原有变电站模型绘制工作从 6～8 个月缩短至两周。实现对变电站原有设备的建模和三维实景展示，帮助设计人员快速了解原有电气台账及运行信息（数据取自生产管理信息系统）<br>（2）实现可预制式三维设计互动。通过三维激光实景自动化建模技术构筑的精准模型库，在变电站改扩建设计过程中，实现基于变电站原址的模型快速搭建，实现“积木堆积”式实景操作设计，降低设计人员软件操作难度和时间，快速、灵活配置变电站改扩建设计方案<br>（3）实现与行业变电站传统三维设计软件的互融互通。通过三维激光自动化建模技术构筑的轻巧互动设计平台，可导出三维设计常用格式（CAD、3DMAX 通用格式），成为常用电力设计软件的输入，实现设计软件之间的完美融合，降低常用设计软件的设计准备工作 | （3）场景管理可视化。提供灵活视图整合能力，每个场景都可以自由整合多张不同专业的设计视图，实现设计图组合成变电站全景视图的构建。每个场景用户均可以共享此场景内的视图。提供地理信息可视化、分级浏览可视化、拓扑连通可视化、多点分布可视化等能力，提供多级别的视图浏览能力，包括全球级视图、国家级视图、省区级视图、城市级视图乃至城市内的建筑物（如数据中心）视图。采用先进的无级加载图形技术，确保在分级浏览各层视图的过程中，能够进行无缝平滑的图层切换<br>（4）场景视图的导入与导出。支持常用的点云数据格式（*.las，*.pcd，*.asc，*.xyz 等）及三维模型数据的导入（*.dwg，*.max 等），场景绘制完成后可导出为常用的模型数据格式（*.dwg，*.max 等），导出的数据支持 Revit、Navisworks 等 BIM 软件的调用 |